AF297722

(Mémoires divers de Ch. Bourgeois sur
l'optique lus à la société royale académique
des sciences de 1822 et 1824) —
· mq. le titre —
(suite du Manuel d'optique d'après
l'Avertissement)

AVERTISSEMENT

SUR LES MÉMOIRES QUI SUIVENT.

Nous avons donné dans la préface du *Manuel d'Optique expérimentale*, les motifs qui nous ont porté à publier cet ouvrage dans lequel, vu l'état actuel de la science relativement aux phénomènes des couleurs de la lumière, nous nous sommes particulièrement attachés à déterminer, avec le plus grand soin, le caractère physique des faits, ainsi que les conséquences les plus naturelles que chacun d'eux pouvait donner.

Si nous n'avons pas toujours réussi à faire comprendre nos expériences aux partisans de la doctrine qu'elles combattent, c'est, nous pouvons l'assurer, bien moins à nous, qu'à quelque vice habituel dans leur méthode de considérer les faits, qu'il faut en attribuer la cause; ou bien encore, c'est parce qu'au lieu de répéter nos expériences, ils se seraient bornés, pour en juger les résultats, aux hypothèses encore en circulation.

Peut-être aussi cette dissidence d'opinion n'a-t-elle, au fond, d'autre cause que l'embarras où ces partisans se trouvent de reconnaître aujourd'hui comme vrais, après en avoir professé de contraires à l'expérience, des principes qui, toujours d'accord avec les faits, font connaître, en outre, le vice de ceux qui servent de base à leur doctrine?

En effet, si l'on veut y réfléchir un

moment, comment se peut-il faire qu'une doctrine qui, selon ses partisans, devait expliquer tous les faits nés et à naître, ne puisse cependant rendre raison d'aucun de ceux, aussi nouveaux que nombreux, que nous avons observés, et que ce soient ces mêmes faits, au contraire, qui infirment les principes qui devaient servir à les expliquer tous?

Comment concevoir encore que nos principes puissent s'appliquer avec autant de certitude que de facilité à l'étude de l'optique et aux arts qui dépendent de cette science, quand ceux de la doctrine dont il s'agit, n'ont pu, jusqu'à-présent, s'appliquer en rien ni aux arts qui ont les couleurs pour moyens, ni servir l'optique elle-même, restée depuis à-très-peu-près stationnaire : car il est facile de se convaincre que le petit nombre de dé-couvertes réelles faites depuis un siècle dans cette science, sont toutes, quoiqu'on en ait dit, complétement étrangères aux principes que cette doctrine semblait avoir consacrés!

Enfin, comment pouvoir expliquer que nous ayons pu être conduit nous-même par la seule considération des faits ; aux divers et importans points de doctrine que nous avons fait connaître dans nos divers écrits sur l'optique, lorsqu'on avait prétendu cependant, que, sans le secours des plus hautes mathématiques, l'expérience ne pouvait servir à rien pour en comprendre les lois physiques; comme s'il ne fallait pas d'abord commencer par bien entendre la langue naturelle des faits, pour pouvoir les traduire fidèlement en-suite dans celle du calcul, et comme si d'ailleurs l'on ne pouvait jamais faire de fausses applications de celui-ci, lorsqu'on négligeait de consulter l'expérience avec l'attention qu'elle exige.

Cette opinion, à laquelle ceux qui l'ont propagée avaient donné une si grande extension, paraîtra sans doute aussi étrange qu'elle est ambitieuse, si l'on considère qu'elle semble dire en d'autres termes, que si, d'un côté, l'observation des faits peut former des physiciens, de l'autre, l'étude du calcul peut dispenser de l'être, puisqu'en effet on peut faire de très-élégantes formules sur de véritables puérilités et même sur des faits imaginaires, et pourtant, à raison de ce moyen imposant, les faire passer pour des principes incontestables : ce qui n'est que trop fréquemment arrivé.

Ainsi, c'est donc visiblement à l'avantage qu'a l'expérience, examinée avec soin, sur les fausses applications qu'on a faites du calcul, d'après des observations incomplètes ou vicieuses, qu'il faut attribuer la différence des résultats que nous avons obtenus. Aussi, malgré les soins que prennent les partisans de la doctrine que nous combattons, de déprécier dans l'opinion publique, non par des raisonnemens appuyés sur des faits, mais par de véritables lieux-communs, les principes que nous ont donnés nos expériences, continuerons-nous paisiblement nos recherches, soit pour ajouter de nouvelles découvertes à celles que nous avons déjà faites, soit pour les confirmer par de nouvelles expériences, soit enfin par des applications neuves de nos principes aux points les plus capitaux de l'optique, et à l'utilité des arts.

C'est dans ce but que nous publions

aujourd'hui, à la suite du *Manuel d'Optique*, plusieurs nouveaux Mémoires qui sont ou des complémens ou des applications plus développées des principes déjà exposés dans cet ouvrage : tels que ceux sur les réfrangibilités diverses de la lumière et des couleurs ; sur l'influence de ce point fondamental de doctrine sur les progrès de l'optique et des arts ; sur la cause génératrice des couleurs, et sur les modes d'observations qui sont les plus propres à l'examen régulier et analytique des différentes espèces de phénomènes de l'optique.

Nous aurions désiré offrir en même temps à nos lecteurs l'opinion de l'Académie royale des Sciences sur nos travaux d'optique ; mais les commissaires qu'elle avait nommés pour lui en rendre compte, professant des principes très-différens des notres et se trouvant ainsi juges et partie dans cette affaire, n'ont pas cru (peut-être par délicatesse) devoir prononcer eux-mêmes sur les principes donnés par nos expériences, laissant alors au zèle de quelques amis officieux plus faciles, à ce qu'il paraît, à séduire qu'à éclairer sur ces matières, le soin de remplir au moins, auprès du public, la tâche dont ces commissaires étaient chargés envers l'Académie (1).

(1) On peut voir un échantillon de ce zèle officieux dans la Revue encyclopédique, année 1822, n° 40, page 143, et dans le Dictionnaire des sciences naturelles de 1823, tom. XXVII, art. *Lumière*.

MÉMOIRE

L'existence du principe des réfrangibilités diverses de la lumière et des couleurs est-elle réelle, et ce principe peut-il s'accorder avec notre organisation visuelle ?

Présenté le 24 décembre 1821 à l'Académie royale des Sciences (1), et lu à la Société royale académique des Sciences, le 15 janvier 1822 (2).

EN énonçant, tant dans la préface *du Manuel d'Optique* que je viens de publier, que dans le corps de cet ouvrage, que l'existence du principe des réfrangibilités diverses de la lumière et des couleurs serait subversive de notre organisation visuelle, je n'ai, selon mon usage, énoncé ce point de doctrine que sous la garantie des faits. Mais, néanmoins, craignant que, sans avoir égard aux expériences qui le confirment, ce point de doc-

(1) MM. Biot et Ampère, commissaires.
(2) MM. Le Normand, Nauche, Deligny, de Moléon, Fabré-Palaprat, Bontems, Regnier, Chevallier, commissaires.

4

trine , par cela même qu'il est nouveau , ne paraisse à quelques personnes, encore prévenues , qu'une assertion hasardée., j'ai cru nécessaire de revenir sur cet important sujet, afin de répondre par avance , et toujours par les faits , aux objections évasives que pourrait faire naître l'énoncé de ce nouveau point de doctrine ; et en même temps, j'ai cru devoir soumettre aussi au jugement de la Société royale académique des sciences mes nouvelles observations sur ce sujet.

La construction de l'œil, les diverses humeurs dont il est formé , ainsi que la situation respective de ces humeurs , indiqueraient suffisamment que cet organe est parfaitement achromatique ; quand, par le secours du raisonnement et des impressions très-différentes qu'il nous transmet , nous n'en aurions pas déjà la certitude.

Ainsi donc, l'œil est visiblement un mi-lieu achromatique dans lequel le pouvoir dispersif des différentes humeurs qui le composent, étant immédiatement compensé par une juste proportion du pouvoir de ces humeurs , les fonctions de cet organe se trouvent ainsi réduites à celles de la réfraction simple , c'est-à-dire, de la réfraction dans laquelle la lumière ne subit aucune dispersion nouvelle.

Or, dans ce cas, quoique le pouvoir dispersif de chacune des humeurs de l'œil soit complétement annulé, néanmoins cet organe conserve tout entier l'excédant de son pouvoir réfringent, lequel agit alors sur les rayons colorés de la même manière que sur les rayons incolores ; et c'est en effet en vertu de ce pouvoir combiné avec la forme sphérique de l'œil, que les rayons qui le pénètrent vont converger vers la membrane qui en reçoit l'impression , laquelle alors a nécessairement lieu à des points de la surface de cette membrane qui sont toujours proportionnels à l'incidence des différens rayons à la surface de la cornée transparente.

De ces premières observations, il résulte déjà que, puisque les rayons de la lumière vont converger au fond de l'œil à des points qui sont toujours proportionnels avec l'incidence des mêmes rayons à la première surface des humeurs de l'œil, il résulte, dis-je, déjà que, si la lumière était composée de rayons différemment réfrangibles, et si les couleurs étaient douées chacune de l'une de ces diverses propriétés, l'œil agirait alors sur les rayons colorés qui arriveraient sous la même incidence, comme s'ils arrivaient au contraire sous des incidences très-différentes, et cela se passerait ainsi, en vertu de leurs réfrangibilités diverses. Or, on sent déjà qu'une

pareille propriété ne pourrait subsister, sans être subversive de notre organisation visuelle.

Pour rendre ces observations plus faciles à saisir, je vais les développer au moyen d'une figure.

Soit *A B C D*, *fig.* 199, *Pl.* XLI, l'image intérieure d'une section verticale faite à un œil placé comme dans cette figure. Soit ensuite la ligne *M o P*, passant par le point *o*, l'axe de l'œil ; et enfin, soit *N* un point immuable d'où partent successivement des rayons *rouge*, *orangé*, *jaune*, *vert*, *bleu* et *violet*, lesquels arrivent exactement tous, sous la même incidence, au point *d*, à la surface de la cornée transparente.

Or, si ces rayons avaient des degrés différens de réfrangibilité qui fussent propres à chacune de leurs couleurs, il est clair que le *rouge* et le *violet*, par exemple, ayant des réfrangibilités très-opposées, quoiqu'ils arrivassent à l'œil sous la même incidence, ne pourraient converger tous deux vers le même point, au fond de l'organe, et qu'ainsi, pendant que le rayon rouge irait se placer en *b*, de son côté le rayon violet irait se placer en *c*, c'est-à-dire, comme on voit, à des points très-différens.

D'après cela, si l'on suppose ici, comme je l'ai fait dans la préface *du Manuel d'Optique*, tome Ier, page 9, que le point *N* est la limite supérieure ou inférieure de deux rectangles peints l'un en *rouge* et l'autre en *bleu* ou en *violet*, et que ces rectangles sont placés sur la même ligne, il est encore évident que, puisque la réfraction ne déplace pas seulement les couleurs, mais encore l'image des objets avec elles, et que si l'impression des limites de ces deux rectangles se faisait dans l'œil, à des points différens, celle qui serait transmise à l'ame par l'organe, n'offrirait plus l'image de deux rectangles placés sur la même ligne, mais, tout au contraire, celle de deux rectangles dont l'un serait plus élevé que l'autre; d'où l'on voit que l'idée que l'on aurait de leur situation serait très-défectueuse, puisqu'elle serait sensiblement différente de celle où ces rectangles auraient été placés d'abord. De plus, ce résultat aurait également lieu pour toutes les couleurs quelles qu'elles soient, et même, comme on le verra bientôt, pour celles des images prismatiques.

Puisqu'il résulte de ces considérations que les choses ne peuvent se passer ainsi, il n'y a donc alors que l'expérience qui puisse éclairer cette question délicate, en faisant connaître la marche de la lumière, soit incolore, soit colorée, lorsqu'elle traverse, dans l'un de ces deux états et sous la même incidence, des systêmes de milieux dans lesquels le pouvoir dispersif est complétement annulé, pendant que l'excédant de leur pouvoir réfringent est resté tout entier, et peut seul agir alors sur les rayons de la lumière ; ce que l'expérience suivante va démontrer.

Soit n, *fig.* 200 , un faisceau de lumière réfracté d'abord par le prisme ABC , puis reçu sur l'hypothénuse DF du prisme rectangulaire DEF. Soit ensuite fg un carton percé, en h, d'une ouverture ronde de deux millimètres environ , et ce carton placé à deux mètres de distance du prisme rectangulaire. Soit enfin placé derrière ce carton un système de milieux sphériques GH , formé de verres convexes et concaves dont les propriétés et les courbures soient telles qu'ils puissent former entre eux un objectif dans lequel le pouvoir dispersif se trouve exactement compensé ; en conservant néanmoins un excédant sensible de réfraction.

Si maintenant , au moyen du prisme rectangulaire DEF que l'on fait tourner sur le point L pris comme centre, on dirige successivement sur l'ouverture h du carton fg, les divers rayons colorés de l'image prismatique , en sorte que ces rayons puissent arriver tous exactement au même point, comme en a, vers les bords de l'objectif, l'on observe alors que ces rayons , quoique de couleurs très-différentes , émergent néanmoins en b de l'objectif , en convergeant vers son axe MP, et toujours vers le même lieu , comme en o , par exemple , sans qu'il soit possible de distinguer entre le *violet* et le *rouge* aucune différence dans la réfraction qu'ils subissent ; différence qui n'a lieu que dans le cas seulement où l'objectif pourrait conserver encore une portion non compensée de son pouvoir dispersif.

D'après ce qui se passe dans cette expérience, il est facile de voir que les rayons colorés doivent se conduire de la même manière dans l'intérieur de l'œil, puisque cet organe, ainsi que l'objectif, sont tous deux dans les mêmes conditions d'achromatisme, c'est-à-dire, puisqu'ils possèdent tous deux la propriété de réfracter la lumière sans pouvoir lui faire subir aucune nouvelle dispersion.

Pour compléter, par une autre expérience, la conviction qui doit résulter déjà de celle dont il vient d'être question, je vais en décrire une autre faite avec un milieu prismatique achromatisé.

Soit n, *fig.* 201, *Pl.* XLII, un faisceau de lumière réfracté d'abord par le prisme ABC, puis reçu sur l'hypothénuse DF du prisme rectangulaire DEF. Soit ensuite placé en fg, à deux mètres environ du prisme rectangulaire, un carton percé en h d'une ouverture ronde de deux millimètres environ. Soit enfin disposé derrière le carton fg, et dans la situation où il puisse donner les images à l'état stationnaire, un système de milieux prismatiques GH, et dont les pouvoirs dispersifs sont exactement compensés, en sorte qu'au-delà du terme de leur achromatisme parfait, ils aient encore un excédant sensible de réfraction.

Si alors, au moyen du prisme rectangulaire DEF, que l'on fait tourner sur le point L, pris comme centre, on dirige successivement sur l'ouverture h du diaphragme fg, les divers rayons colorés de l'image prismatique, en sorte que ces rayons puissent arriver tous au même point d'incidence sur le prisme, comme en a, par exemple; l'on observe, comme dans l'expérience précédente, que ces rayons, quoique de couleurs très-différentes, vont tous coïncider au même point en *o*, sans qu'il soit possible encore de distinguer, même entre le *violet* et le *rouge*, aucune différence dans les degrés de réfraction qu'ils subissent : différence qui, comme je l'ai dit plus haut, ne peut avoir lieu que dans le cas seulement où, dans ce système de prismes, une portion de leur pouvoir dispersif ne se trouverait point annulée.

Cette expérience, dont il est si facile de reconnaître la similitude avec celle qui la précède, malgré la différence dans la forme des milieux achromatiques, offre aussi, comme elle, des résultats identiques si évidens par eux-mêmes, qu'il serait presque inutile d'en faire remarquer ici les importantes conséquences, si de fâcheuses préventions ne s'opposaient encore à ce que l'expérience puisse reprendre toute son autorité dans l'étude de la nature.

C'est donc en partie par ces motifs, autant que pour servir les intérêts de la vérité, que je vais exposer la série des conséquences remarquables que donnent, à l'égard du point de doctrine en question, les expériences que je viens de décrire.

1° Il résulte de la première de ces expériences, qu'en admettant l'existence du principe des réfrangibilités diverses de la lumière et des couleurs, ces dernières arrivant à l'œil sous la même incidence, seraient inégalement réfractées, et porteraient au fond de l'œil l'image des objets différemment colorés, à des points qui ne seraient plus proportionnels avec la situation de ces mêmes objets. Or, comme on l'a vu, l'existence de ce principe est physiquement impossible, puisqu'il serait subversif des propriétés d'un organe nécessairement construit pour percevoir exactement la forme, la couleur et la situation respective des objets extérieurs.

2° A l'égard de la route véritable que suivent dans l'œil les rayons de la lumière incolore ou colorée, il résulte de la seconde expérience, ainsi que de la troisième, que ces rayons arrivant à l'œil sous la même incidence, subissent indistinctement une réfraction parfaitement égale, quelque différentes que puissent être les nuances de leurs couleurs; et cela se passe ainsi, attendu que les milieux réfringens de l'œil se trouvent, comme on l'a vu, dans les mêmes conditions d'achromatisme que les milieux réfringens employés dans ces deux expériences.

3° Que, relativement au principe des réfrangibilités diverses de la lumière et des couleurs, considéré dans toute son étendue, la seconde et la troisième expérience prouvent aussi, jusqu'à la dernière évidence, que l'existence de ce principe est impossible, puisque les rayons de différentes couleurs subissent, comme on l'a vu, une réfraction parfaitement égale, en passant, sous la même incidence, par des milieux réfringens dans lesquels le pouvoir dispersif est complétement annulé, c'est-à-dire, en passant par l'espèce de milieux, les seuls qui fussent propres à constater si les rayons différemment colorés sont différemment réfrangibles; car, en effet, pour vérifier cette expérience, il ne faudrait pas, comme l'a fait lui-même l'auteur du principe des réfrangibilités diverses (1), recevoir les différens

____

(1) On peut voir, à ce sujet, dans les expériences *fig.* 143, 144 *et* 145 du *premier volume de cet ouvrage*, comment les rayons de la lumière se conduisent lorsqu'on les fait passer soit par des milieux de pouvoirs divers et différemment combinés entre eux, soit lorsqu'on les réfracte par une suite de milieux

rayons colorés de l'image prismatique sur un second milieu dans lequel les pouvoirs réfringent et dispersif existassent encore en entier (1), attendu qu'alors le pouvoir dispersif du second milieu agissant, pour son propre compte, sur les divers rayons colorés, pourrait faire croire que la dispersion nouvelle ou l'écartement que subissent les rayons de diverses couleurs, à leur emergence du second prisme, est un produit donné par le premier, et en même-temps

____

prismatiques semblables pour constater les cas où les pouvoirs dispersifs de ces milieux étant cumulés, la longueur des images se trouve être toujours en raison directe de la somme de ces pouvoirs.

(1) A la vérité, et l'on sait pourquoi, *Newton* n'avait pu faire régulièrement cette expérience faute d'un prisme convenable. Qui sait alors les changemens qu'eût apportés dans son système une pareille expérience ?

que ce produit est immuable en traversant le second prisme, pendant qu'il n'appartient réellement qu'à ce dernier.

4° Enfin, comme il résulte des deux dernières expériences que les images des rayons de différentes couleurs, successivement réfractées sous la même incidence, vont toujours coïncider d'autant plus exactement au même point que le pouvoir dispersif des systèmes de milieux achromatiques est plus complétement annulé, il résulte alors de cette observation un moyen facile et sûr de porter les systèmes de verres achromatiques à l'état le plus parfait, puisqu'alors il peut suffire de vérifier si les images de différentes couleurs vont toutes coïncider exactement au même point, et que, dans le cas contraire, on peut estimer exactement, par l'écartement des images, de quelle quantité de dispersion il faut corriger ces systèmes de milieux pour les amener aussi à l'état parfait d'achromatisme.

À l'égard des nombreuses conséquences qu'on pourrait tirer encore des faits que contient ce mémoire, relativement à l'application du principe des réfrangibilités diverses à la recherche des autres propriétés de la lumière, les faits viennent de démontrer que l'existence de ce principe est illusoire, et qu'ainsi les applications qu'on en aurait déjà faites, ainsi que celles qu'on en pourrait faire encore, le seraient nécessairement elles-mêmes (1).

Mais pour ne pas sortir de la question que je me suis proposé de résoudre, je bornera ici, à l'égard de cette question, les développemens que je viens d'en donner dans ce mémoire, me proposant de revenir sur ce sujet dans un autre temps, et de faire connaître les nouveaux perfectionnemens qu'on peut apporter dans les systèmes de milieux employés dans la construction des télescopes, lesquels sont bien loin encore de la puissance et de la perfection qu'ils peuvent atteindre.

Signé CH. BOURGEOIS.

Premier appendice au Mémoire précédent (2).

COMME le pouvoir dispersif des milieux ne suit point du tout la raison de leur pouvoir réfringent, et que ces deux pouvoirs se trouvent constamment réunis dans les milieux

---

(1) On trouve dans le *premier volume de cet ouvrage*, ainsi que dans les précédens écrits que j'ai publiés sur l'optique, un grand nombre d'expériences décisives et très-propres à fixer l'opinion qu'on voudrait se former sur les applications qu'on aurait déjà faites du principe des réfrangibilités diverses de la lumière et des couleurs.

(2) Lu à la séance du 30 janvier 1822.

prismatiques formés d'une même substance, il est visible que, dans ce dernier cas, ces pouvoirs agissent conjointement sur les rayons de la lumière, et qu'ils donnent deux résultats qu'il faut nécessairement distinguer, quoiqu'ils soient, par l'apparence, confondus en un seul dans les images prismatiques.

Or, puisqu'il est évident que, pour former des systèmes de milieux achromatiques qui aient un excédant quelconque de réfraction, l'une des premières conditions est d'annuler complétement celui de ces deux pouvoirs qui disperse la lumière, il s'ensuit donc que pour former, au contraire, des systèmes de milieux qui aient un excédant de dispersion, il faut annuler leur pouvoir réfringent ; d'où il suit encore qu'on peut obtenir de cette nouvelle combinaison qui, comme on voit, est inverse de la première, des systèmes de milieux prismatiques qui

donnent des faisceaux émergens parallèles aux faisceaux incidens, et qui offrent en même temps une nouvelle dispersion de la lumière, accompagnée de couleurs sensibles.

Cette expérience, que l'état nébuleux du ciel ne m'a pas encore permis de faire, doit néanmoins donner le résultat que je viens d'énoncer, puisqu'il est une suite nécessaire du principe évident d'après lequel j'ai raisonné dans le mémoire dont j'ai eu l'honneur de vous faire la lecture, le 15 de ce mois.

Signé CH. BOURGEOIS.

Deuxième appendice au Mémoire précédent (1).

Le sinus de réfraction des rayons différemment colorés du spectre solaire, di-

---

(1) Lu à la séance du 28 février 1822.

rigés successivement tous sous la même incidence, à la surface d'un milieu réfringent quelconque, est constamment le même pour ces divers rayons, quelle qu'en soit la couleur.

Soit *n*, *fig.* 202, un faisceau de lumière réfracté par le prisme *ABC*, lequel prisme est placé dans la situation où il ne donne point tout-à-fait son image à l'état stationnaire, mais un peu au-delà ou en deçà ; en sorte qu'au moyen du simple mouvement du soleil, les rayons émergens en *e* de la face *BC* du prisme, puissent arriver successivement à l'ouverture *o*, sur le diaphragme *f g* : disposition qui alors dispense d'avoir recours à aucun réflecteur, pour projeter au même point les divers rayons colorés de l'image prismatique *r*, *v*.

Soit ensuite un second diaphragme *p h*, semblable au premier, placé le plus près possible de la surface d'une eau tranquille et bien claire (1), contenue dans un vase carré ou rond *D*, *E*, *F*, *G*.

Soit enfin placé en *M*, au fond de ce vase, et à angles droits du rayon qui traverse l'eau, un disque blanc de trois lignes environ de diamètre, lequel est destiné à recevoir l'image des rayons de diverses couleurs, qui, réfractés en *c*, sont transmis de ce point en *M*.

Les choses ainsi disposées, si l'on place d'abord le premier diaphragme *f g*, dans la situation convenable pour permettre au rayon violet *v* de passer par l'ouverture *o* de ce diaphragme, puis par celle *t* du second, dans ce cas, ce rayon se réfracte en *c* et va porter son image au point *M*.

Ensuite, si on ne touche plus l'appareil

(1) Pour augmenter le pouvoir réfringent de l'eau introduite dans le vase, j'ai employé une eau saturée de muriate de soude.

que pour rétablir, dans certains cas, l'écartement latéral des rayons prismatiques à l'égard des ouvertures *o* et *t* par lesquelles ils doivent passer tous; alors, par le mouvement naturel du soleil, les *bleus*, les *verts*, les *jaunes*, les *orangés* et les *rouges*, vont successivement se placer au fond du vase exactement au même point que le rayon *violet*.

Or, puisque ces divers rayons passent tous par les deux diaphragmes *f g* et *p h*, ils arrivent donc évidemment tous en *c*, sous la même incidence, à la surface *a, c, m* de l'eau ; et comme ils vont tous se placer exactement sur le milieu du disque blanc, il est clair que *leur sinus de réfraction est le même pour chacun d'eux, et qu'alors ils n'ont point du tout de degrés différens de réfrangibilité.*

Cette expérience dont les importantes conséquences sont si faciles à saisir, peut répondre par avance aux objections qu'on pourrait se faire touchant la route véritable que suivent les rayons différemment colorés dans l'intérieur des trois milieux dont se composent les deux systèmes de verres achromatiques des expériences *fig.* 200 *et* 201 du *Mémoire sur l'existence des réfrangibilités diverses de la lumière et des couleurs.*

Ainsi donc, il est hors de doute que, puisque ces rayons, tous réfractés au même point d'incidence, suivent exactement la même route dans le nouveau milieu (l'eau saturée de sel) qu'ils traversent, les choses doivent se passer et se passent nécessairement de même dans les différens milieux des expériences citées ci-dessus, ainsi que dans les diverses humeurs de l'œil.

Signé **Ch. BOURGEOIS.**

La Société royale académique des sciences, après avoir entendu la lecture du mémoire et de ses deux appendices, renvoie le tout à une commission chargée de vérifier l'exactitude des expériences qui y sont consignées, et de lui en faire un rapport circonstancié dans le plus bref délai possible. Les membres de cette commission sont MM. *Le Normand, Nauche, Fabré-Palaprat, Deligny, de Moléon, Bontems, Régnier* et *Chevallier.*

Pour copie conforme :
Le Secrétaire perpétuel,
DE MOLÉON.

RAPPORT

Fait par M. LE NORMAND, *au nom de la commission chargée, par la Société royale académique des Sciences, d'examiner les expériences consignées par M.* Bourgeois, *l'un de ses membres, dans son Mémoire sur les réfrangibilités diverses de la lumière et des couleurs* (1).

MESSIEURS,

VOUS avez chargé MM. *Nauche, Deli-gny, de Moléon, Fabré-Palaprat, Bon-tems, Régnier, Chevallier* et moi, d'exa-

______
(1) Ce rapport a été lu à la séance du 15 mars 1822. (*Voyez* le Mémoire qui précède.)

miner le mémoire de M. *Bourgeois* et de vous décrire les expériences qu'il offrit de répéter devant vos commissaires : nous venons vous rendre compte de notre mission.

Les expériences sur la lumière ne peuvent être faites que lorsque le soleil brille sur l'horizon, et dans cette saison le temps est tellement inconstant, qu'il était difficile de trouver un jour favorable pour les répéter. C'est ce qui nous a forcés de renvoyer jusqu'à cette séance le rapport que nous étions chargés de vous faire. Les expériences n'ont pu être répétées que le 11 de ce mois.

Le but du mémoire de M. *Bourgeois* consiste à prouver, par des expériences directes, et contre la théorie de *Newton*, que les rayons de la lumière diversement colorés ne sont pas différemment réfrangibles. Si la proposition contraire, dit-il, était vraie, les objets différemment colorés ne nous paraî-

traient pas, à la vue, à la véritable place qu'ils occupent. En effet, ajoute M. *Bourgeois*, si les rayons diversement colorés étaient différemment réfrangibles, deux rectangles dont l'un coloré en rouge et l'autre en violet, qui seraient placés sur une ligne droite Nd, *fig.* 199, *Pl.* XLI (1), hors de l'axe MP, de l'œil, le rayon rouge comme moins réfrangible irait se peindre sur la rétine en b, tandis que le rayon violet plus réfrangible se peindrait en c, et alors ils ne paraîtraient plus établis sur une ligne droite. Voilà la proposition principale ; voici les expériences qu'il a faites en notre présence à l'appui de cette assertion.

Il faut remarquer, dit-il, qu'un faisceau de lumière réfracté par un prisme, est le ré-

____

(1) Ce sont les mêmes figures que l'auteur a données dans son mémoire.

sultat de l'effet de deux pouvoirs parfaitement distincts dans ce même prisme, le pouvoir réfringent et le pouvoir dispersif. Il paraît, continue-t-il, que ceux qui jusqu'à ce jour se sont occupés d'optique, ont confondu ces deux pouvoirs dans l'action du prisme. Cependant cette proposition n'admet pas le moindre doute, si l'on examine ce qui se passe dans deux expériences à la portée de tout le monde.

1°. Si l'on fait passer un rayon de lumière à travers un prisme à faces parallèles, et dans une direction inclinée à cette face, il subit deux réfractions, c'est-à-dire qu'il change de route, en suivant dans le milieu diaphane une route différente de la première, et au sortir de ce milieu, il se réfracte encore, et à son émergence il suit une nouvelle route, parallèle à celle qu'il avait avant son incidence sur la face du prisme. L'image reçue sur un carton blanc, est un cercle absolument blanc, de sorte que son passage à travers le prisme n'a donné naissance à aucune couleur. C'est ce que l'auteur appelle *réfraction simple*. Ce fait n'est absolument contesté par personne.

2° Si, au lieu d'un prisme à faces parallèles, on se sert d'un prisme triangulaire quelconque, le même rayon éprouve pareillement une double réfraction, comme dans l'expérience précédente ; mais le phénomène est bien différent. Si l'on reçoit l'image sur un carton blanc à la même distance du prisme que dans le premier cas, l'image ne s'est pas étendue en largeur, mais elle a acquis une longueur environ six fois plus grande et elle brille de superbes couleurs ; c'est le *spectre solaire*. Cette expérience est encore avouée par tout le monde. L'auteur ajoute que, dans ce cas, le rayon a subi tout à la fois l'effet de la réfraction et celui de la dispersion, et c'est ce qu'il désigne sous le nom de *réfraction complexe*.

M. *Bourgeois* nous a paru établir cette théorie par deux expériences très-ingénieuses :

1° Il a réuni trois prismes en faisceau *GH*, *fig*. 201, de manière que les deux faces extrèmes sont inclinées l'une à l'autre comme deux côtés contigus d'un même angle ; ces prismes sont combinés de telle sorte qu'il a annulé le pouvoir dispersif en conservant une portion du pouvoir réfringent ; alors l'image n'est point colorée, quoiqu'elle traverse la réunion des prismes avec les mêmes conditions que celles qui donnent naissance au spectre solaire, et qu'en vertu de son excédant de pouvoir réfringent, le rayon éprouve la même déviation que dans le cas de la réfraction complexe sans subir aucune nouvelle dispersion.

2° Trois prismes sont disposés comme dans l'expérience précédente, mais combinés de manière que le pouvoir réfringent est annulé en laissant exister une portion du pouvoir dispersif. Alors le rayon émergent est rendu parallèle au rayon incident, quoique les deux faces extrèmes du système de prismes soient inclinées entre elles, et l'image du faisceau de lumière subit une dispersion sensible en offrant leurs couleurs prismatiques.

Ces expériences, qui paraissent d'abord étrangères à l'objet de son mémoire, s'y rattachent cependant pour faire bien comprendre celles dont il va être question, et qu'il cite à l'appui du principe qu'il veut établir.

1° Il reçoit le rayon lumineux sur un prisme équilatéral qu'il met à l'état stationnaire, c'est-à-dire, lorsque la direction de l'axe du rayon lumineux qui traverse le prisme est parallèle à sa base. Nous suppo-

6

sons toujours cette condition dans toutes les expériences. L'angle réfringent du prisme est en haut. Il reçoit l'image sur l'hypothénuse d'un prisme rectangulaire qui sert de réflecteur, afin de la diriger dans une position horizontale, et reçoit cette image sur un diaphragme placé à un mètre cinquante centimètres du réflecteur. Il place derrière le diaphragme un objectif achromatique, de manière que le rayon, en traversant ce diaphragme, vienne tomber hors de l'axe de l'objectif. A deux mètres de distance, il place un carton blanc sur lequel le rayon va se projeter. Tout étant ainsi préparé, et, par la disposition du prisme et du réflecteur, le spectre solaire se présentant à l'envers, c'est-à-dire, les rouges en haut, il a dirigé ces rouges sur le trou du diaphragme. Nous avons de suite marqué les bords de cette image en fixant les points où se terminaient

deux diamètres perpendiculaires l'un à l'autre. On n'a plus touché aux prismes, et comme le soleil descendait dans sa course, le spectre montait; nous avons vu que toutes les couleurs qui sont passées successivement par le diaphragme et l'objectif, sont venues se placer exactement dans le même espace circulaire qu'avait occupé la première couleur: cependant, par le calcul, nous avons trouvé que la distance du centre du rouge au centre du violet aurait dû être de 82 millimètres dans l'hypothèse des réfrangibilités diverses.

2° Tout étant disposé de la même manière que dans l'expérience précédente, M. *Bourgeois* a substitué à l'objectif achromatique, un système de prismes rendu achromatique, dans lequel le pouvoir dispersif est annulé, mais qui conserve un excès de pouvoir réfringent; le même phénomène s'est manifesté comme dans l'expérience que nous venons de décrire , c'est-à-dire , que toutes les couleurs du spectre solaire, après avoir successivement traversé, toujours sous la même incidence, le diaphragme et le prisme achromatique, sont venues se peindre sur le carton et absolument à la même place, comme dans le cas précédent.

Nous avons fait observer à M. *Bourgeois* que ces deux expériences, quoique très-intéressantes, nous paraissaient laisser encore quelque chose à désirer, et qu'on pourrait lui objecter qu'en sortant du prisme équilatéral et allant se peindre sur le réflecteur, les rayons rouges et les rayons violets du spectre solaire ne tombent pas au même point; que, par conséquent, ces rayons se croisent dans le diaphragme, et que de ce croisement il peut en résulter, dans les milieux achromatiques par lesquels il les

fait passer , une compensation qui peut causer le phénomène dont nous avons été témoins.

M. *Bourgeois* nous a répondu que cette objection lui avait déjà été faite, et qu'il avait préparé une nouvelle expérience qui le dispensait de se servir de réflecteur et de milieu achromatique; que c'est cette même expérience qu'il s'était proposé de faire en notre présence, afin d'aller même au devant de l'observation que nous venions de lui faire. En conséquence, il a disposé l'expérience et nous avons été témoins de ce qui suit.

Il a enlevé le prisme rectangulaire qui avait servi de réflecteur dans les expériences précédentes, et a reçu, comme précédemment, le rayon lumineux sur le prisme équilatéral. Au devant de ce prisme, et à cinquante centimètres de distance , il a placé un diaphragme ; un vase cylindrique en cristal , de 217 millimètres (huit pouces) de hauteur et de diamètre, plein d'eau filtrée saturée de muriate de soude a été posé par terre dans une situation telle, qu'un second diaphragme fixé sur le bord de ce vase , pût recevoir le rayon transmis par le premier diaphragme dont nous avons parlé. Lorsque les deux diaphragmes ont été placés en regard et que le rayon lumineux se communiquait avec facilité de l'un à l'autre , nous avons mesuré la distance qu'il y avait entre les deux, nous l'avons trouvée de onze décimètres (3 pieds 4 pouces environ). Au fond du vase était un disque en cuivre peint en noir, et au milieu une place circulaire en blanc de 4 millimètres de diamètre. On a placé ce disque de manière que le rayon lumineux vînt se projeter perpendiculairement au milieu du milieu du cercle blanc. Dans cette position,

le rayon lumineux avait, dans l'eau, 27 centimètres (10 pouces de long), et nous avons reconnu, par le calcul , que le spectre projeté à cette distance aurait écarté de 8 millimètres le centre des rouges du centre des violets.

Tout étant ainsi disposé, M. *Bourgeois*, comme dans les expériences précédentes , a projeté le spectre sur le premier diaphragme, de manière à faire passer les rayons rouges les premiers ; ensuite , on n'a plus touché à l'appareil, laissant à la marche du soleil le soin de terminer l'expérience. Nous avons vu arriver successivement toutes les couleurs du spectre, au milieu du petit disque blanc qui présentait toujours un petit cercle blanc autour de la partie colorée, de manière qu'il eût été facile de s'apercevoir de la plus petite irrégularité. Nous avons apporté la plus scrupuleuse attention aux résultats de cette expérience très-curieuse et très-importante , et nous avons vu constamment tous les rayons colorés venir se placer au même point sur le disque, sans remarquer absolument aucune différence.

Nous devons vous avouer, Messieurs, que, malgré la confiance que nous a toujours inspirée notre collégue, nous nous sommes présentés chez lui pleins de la théorie newtonienne, et, nous ne devons pas le taire, avec une certaine prévention contre l'assertion de M. *Bourgeois*, qui tend à renverser cette théorie généralement adoptée par tous les savans. Nous avons cependant réfléchi que, comme il est de la nature de l'homme d'errer, plusieurs savans ont quelquefois été forcés, par des faits irrécusables , de revenir sur des propositions qu'ils avaient émises de bonne foi; que *Newton* lui-même , a erré sur beaucoup de points étrangers à l'optique ,

et que , sur cette partie de la science, il a retardé de quarante ans la découverte de l'achromatisme, en niant formellement qu'on pût jamais y parvenir; nous avons pensé qu'il pourrait bien se faire qu'il eût encore erré sur le point des réfrangibilités diverses. Nous n'étions point appelés à discuter un point de doctrine, mais à vérifier des faits , et c'est ce que nous avons fait avec tous les soins et toutes les précautions qu'il nous a été possible de prendre ; afin de ne pas être exposés à nous laisser séduire par quelque illusion.

De ces diverses expériences, qui toutes sont parfaitement conformes à ce que vous avait exposé M. *Bourgeois*, il en conclut que la théorie des réfrangibilités diverses ne peut plus être raisonnablement admise , et en même temps que cette théorie est en contradiction avec le phénomène de la vision et avec ce qui se passe dans notre œil, qui est un milieu achromatique.

Vos commissaires ont vu , avec le plus grand intérêt, les expériences dont ils viennent de vous rendre compte , et ils ne peuvent s'empêcher d'avouer qu'elles paraissent en opposition avec la théorie qui jusqu'à ce jour avait été généralement adoptée. M. *Bourgeois* a non - seulement fait pour l'étude de l'optique , plus de cent mille expériences , mais il a composé et exécuté lui-même le plus grand nombre de ses instrumens. Vos commissaires ne doutent pas que les travaux de M. *Bourgeois* qui , depuis vingt ans, s'occupe de cette science , n'aient beaucoup contribué à lui faire faire d'importantes découvertes dont les arts retireront nécessairement les plus grands avantages. Son but, dans ses recherches, a constamment été de trouver des principes qui leur fussent applicables.

Vos commissaires pensent que notre collègue, M. *Bourgeois*, mérite votre bienveillance , et ils vous proposent de délibérer.

1° Que la Société , par l'organe de M. le président , témoigne à notre honorable collègue toute sa satisfaction pour la communication qu'il a bien voulu lui faire ;

2° Que le mémoire de M. *Bourgeois*, avec ses deux appendices , soit honorablement placé dans ses archives , et qu'il en soit fait mention au procès-verbal ;

3°. Que copie de ce rapport soit expédiée en forme , et adressée à notre honorable collègue, avec une lettre de remerciemens, et qu'il en soit fait mention dans la première séance publique.

Suivent les signatures des Commissaires.

Signé LE NORMAND, *Rapporteur.*

La Société royale académique des sciences a approuvé à l'unanimité le présent rapport, ainsi que les conclusions de ses commissaires : en conséquence, M. le secrétaire perpétuel se conformera aux dispositions des articles 2 et 3 de ses conclusions. Ainsi délibéré à Paris, le 15 mai 1822.

Pour copie conforme,

Le Secrétaire perpétuel,

DE MOLÉON.

DEUXIÈME MÉMOIRE

Sur les réfrangibilités diverses de la lumière et des couleurs, lu, le 14 août 1823, à la Société royale académique des Sciences, et présenté, le 20 octobre suivant, à l'Académie royale des Sciences.

PARMI les nouvelles expériences que j'ai eu l'occasion de faire sur les différentes classes de phénomènes de l'optique, depuis le premier Mémoire sur les réfrangibilités diverses, j'en ai fait quelques-unes sur ces mêmes réfrangibilités qui confirment encore pleinement les conséquences que j'avais déjà tirées de celles décrites dans ce premier Mémoire.

Quoique les commissaires nommés par la Société royale académique des Sciences, le 15 janvier 1822, pour lui rendre compte de ce Mémoire, aient, dans leur rapport du 15 mai suivant, reconnu l'exactitude des expériences qui y sont exposées, et, par conséquent, l'évidence du principe que j'en avais déduit, savoir : *que les rayons de diverses couleurs ne sont point différemment réfrangibles*, j'ai pensé qu'attendu l'importance d'un principe qui sert de base à la doctrine que l'on enseigne avec tant de confiance depuis plus d'un siècle, il ne serait pas inutile de justifier par de nouvelles expériences aussi faciles, à entendre que les premières ; d'abord, le principe que j'en ai déduit, puis le suffrage consigné dans le rapport de MM. les commissaires en présence desquels les expériences ont été répétées plusieurs fois, et enfin l'approbation donnée au rapport par la Société elle-même, dans sa séance du 16 mai 1822.

Pour l'intelligence des faits nouveaux dont j'ai à parler maintenant, il est besoin de rappeler ici la quatrième expérience du premier Mémoire, sur les réfrangibilités diverses, expérience dans laquelle je fais arriver successivement et sous la même incidence, à la surface $m\,c\,a$, *fig.* 202, *pl.* 42, d'un liquide contenu dans un vase de 10 pouces de hauteur sur autant de largeur, les rayons diversement colorés de l'image prismatique, en les faisant exactement passer tous par plusieurs diaphragmes placés dans la même direction.

Or comme, d'après la doctrine de Newton sur les réfrangibilités diverses, les centres des images *rouge* et *violette* devaient se trouver placés en M, à sept mm. environ l'un de l'autre, à l'endroit où ils allaient se peindre au fond du vase, et que cependant ces divers rayons y arrivaient tous exactement au même point, il en résultait donc évidemment que puisqu'ils suivaient la même route, on avait pris une peine bien gratuite en cherchant à calculer comment les rayons de diverses couleurs supposés par Newton, différemment réfrangibles et alors divergens. entre eux, pouvaient redevenir parallèles, lorsqu'ils émergeaient d'un système de verres achromatiques. Or, comme un rayon de lumière qui a subi une dispersion sensible, ne peut, par quelque moyen que ce soit, rentrer dans les conditions de son premier état, on voit. qu'à cet égard, l'on raisonnait sans se douter même que la chose était impossible; ce qui prouve alors qu'on n'avait pas du tout cherché à entendre d'abord ce qui se passait dans l'expérience dont on voulait rendre raison.

Quoique l'intervalle de sept mm. qui, d'après Newton, devrait exister au fond du vase, entre les centres des rayons *rouge* et *violet*, soit déjà plus que suffisant pour pouvoir reconnaître l'existence du principe des réfrangibilités diverses, si, en effet, ce principe était réel, et quoique, au lieu d'offrir aucun intervalle entre la situation de ces rayons, ceux-ci allassent donner leur image exactement au même point, au fond du vase, néanmoins, quelques personnes attachées encore aux réfrangibilités diverses, sans doute bien plutôt par l'autorité du nom de leur auteur, que par une véritable conviction, crurent pouvoir objecter que la distance de la surface du liquide au fond du vase, était trop peu considérable pour pouvoir décider une question aussi importante,

Pour répondre, par un fait, à cette objection, j'ai, dans l'expérience dont je viens de parler, substitué au disque blanc *M* placé au fond du vase, un réflecteur en glace étamée, et fixé sur un support sur lequel ce

7

réflecteur pouvait prendre toutes les inclinaisons nécessaires ; et, pour simplifier l'expérience, j'ai placé ce réflecteur dans la situation où les rayons réfléchis sortaient à-peu-près perpendiculairement à la surface du liquide, suivant la ligne *M m H*.

Au moyen de cette disposition, j'ai pu recevoir à une assez grande distance, au plafond de mon cabinet, par exemple, les images de ces rayons dont la longueur mesurée depuis la surface du liquide jusqu'au fond du vase, et depuis ce point jusqu'au plafond, était de 14 pieds 4 pouces ou 4 mètres 466 millimètres.

Or, à cette distance, l'intervalle entre les centres des images *rouge* et *violette* devait être, toujours suivant la doctrine de Newton, au moins de 80 mm., en ne prenant pour base que le pouvoir dispersif de l'eau, et de 160 mm. au moins ; en prenant pour base le pouvoir dispersif du flint-glass.

Enfin, pour obtenir la preuve que dans cette disposition de l'expérience, les rayons de diverses couleurs vont aussi donner leur image exactement au même point, j'ai tenu fixé au plafond un rectangle en carton peint en noir, et sur lequel étaient collés des disques blancs, savoir : *a* au centre, puis *b c* et *d e*, *fig.* 203, lesquels étaient placés entre eux à des distances proportionnelles à la dispersion de l'eau et à celle du flint-glass.

Cette expérience que j'ai répétée déjà plus de vingt fois, en présence de diverses personnes, m'a constamment donné au même point, sur le disque blanc *a*, toutes les images des rayons de diverses couleurs, toutes les fois que j'ai réussi à faire passer exactement par le centre des diaphragmes,

(53)

les axes de chacun de ces rayons , lesquels étaient reçus , comme on voit , à une distance dix-sept fois plus grande que dans l'expérience décrite dans le premier Mémoire. De plus , les petites différences , lesquelles n'ont jamais excédé 9 à 10 mm. , n'ont eues évidemment d'autre cause que quelques irrégularités dans le trajet de la lumière à travers les diaphragmes.

Or, si comme on n'en peut douter, l'égalité ou les petites différences de situation dont je viens de parler, résultent des causes que j'ai indiquées , il est évident encore , par cette dernière expérience, que les rayons de diverses couleurs ne sont point différemment réfrangibles : ce que les expériences du premier Mémoire avaient elles-mêmes déjà suffisamment prouvé , et que celles qui suivent vont confirmer de nouveau. Mais parmi ces expériences , j'en décrirai plusieurs dont il ne faut pas confondre les résultats avec ceux des expériences destinées à prouver le principe dont il s'agit.

Soit n , *fig.* 204 , *pl.* 43 , un faisceau de lumière réfractée par un prisme équilatéral en flint-glass $A\,B\,C$, et soit $D\,E\,F$ un prisme rectangulaire faisant fonction de réflecteur, pour diriger à volonté l'image prismatique donnée par le prisme $A\,B\,C$, sur la surface $G\,H$ d'une cuve prismatique quadrangulaire $G\,H\,I\,K$ (1), destinée à contenir, soit de l'eau , soit tout autre liquide.

Soit ensuite cette cuve placée de manière que la face $G\,H$ se trouve suffisamment inclinée au faisceau prismatique réfléchi par l'hypothénuse $D\,F$ du prisme rectangu-

---

(1) Cette cuve était formée de deux ais parallèles fermés à leurs extrémités par des glaces aussi parallèles. Le trait de lumière qui la traversait dans sa longueur était de 73 centimètres.

laire (1), afin que ce faisceau puisse subir, à son incidence en νr, une nouvelle réfraction suffisamment sensible.

Alors on observe, 1° que l'image verticale νr, portée par la réfraction en $\nu' r'$, est légèrement inclinée à la verticale $o p$, et 2° qu'à son émergence de la face $I K$, elle conserve en $\nu'' r''$ la même inclinaison.

Mais si l'on applique à la face d'émergence $I K$ de la cuve, une feuille d'étain à laquelle on aurait réservé une ouverture oblongue et verticale de deux à trois millimètres de largeur, les portions de l'image $\nu' r'$, transmises par cette ouverture et reçues en $\nu'' r'''$, offrent la même image prismatique, mais alors parfaitement verticale : d'où l'on voit déjà que l'inclinaison

de l'image $\nu' r'$, reçue sur la face intérieure $I K$ de la cuve, n'est point le résultat d'une propriété inhérente aux rayons de diverses couleurs, puisque, dans ce dernier cas, l'image eût été également inclinée.

En effet, si l'on considère la situation respective des deux milieux réfringens $A B C$ et $G H I K$, il est visible que ces deux milieux sont entre eux dans les mêmes conditions que ceux des expériences décrites par Newton, dans la seconde proposition du livre 1er de son optique, expériences que j'ai reproduites pour les examiner de nouveau dans le *Manuel d'Optique*, depuis la figure 153, jusqu'à celle 167, et dans lesquelles j'ai constaté que les diverses situations des images ne sont que des résultantes de la combinaison du pouvoir dispersif de plusieurs milieux entre eux.

___

(1) La meilleure situation de la cuve est celle qui donne la réfraction moyenne de l'eau.

"Or, le cas étant le même dans l'expérience qu'on vient de voir, puisque l'axe du milieu *A B C* s'y trouve incliné même à angles droits avec celui de la cuve *G H I K*, il s'en suit donc que la légère inclinaison à la verticale *o p* de l'image *p' r'*, n'est encore évidemment ici que le produit de la combinaison du pouvoir dispersif de ces deux milieux, selon l'inclinaison de leurs axes entre eux : ce que j'ai fait voir dans les expériences déjà citées plus haut, et notamment dans celle, *fig.* 155 du *Manuel d'Optique expérimentale.*

Comme j'ai prouvé dans cet ouvrage que cette inclinaison n'était point un produit de la différente réfrangibilité des rayons de diverses couleurs, j'ai cru nécessaire de décrire ici cette expérience, afin qu'on n'en confondît point les résultats avec ceux de l'expérience suivante.

Soit *n*, *fig.* 205, un faisceau de lumière réfracté par un prisme équilatéral *A B* placé verticalement, soient ensuite *C D* et *c d*, deux diaphragmes placés dans la même direction, en sorte que les rayons de l'image prismatique *v r*, reçue d'abord sur le premier, puissent successivement passer en *a* et en *e*, par des ouvertures pratiquées au milieu de ces diaphragmes, pour arriver enfin en *é*, à la face *G H* de la cuve *G H I K*.

Dans cette disposition de l'appareil, la cuve étant placée, comme dans l'expérience précédente, quant à l'inclinaison de la face *G H*, à l'égard du faisceau incident, l'on observe que si l'on fait successivement et exactement arriver au point *é*, passant par les deux diaphragmes *C D* et *c d*, les divers rayons colorés de l'image prismatique, tous subissent indistinctement, de *é* en *e ''*, une réfraction parfaitement égale , et à leur émergence , ils vont tous se placer exactement au point *o* , à quelque distance de la cuve que ces images soient reçues.

Si , comme dans l'expérience précédente , l'on considère d'abord la situation respective des milieux réfringens *A B* et *G H I K* , il est visible que leurs axes sont parallèles entre eux, comme dans l'expérience, *fig.* 145 du *Manuel d'Optique*.

Mais comme ici je fais arriver au point *é*, et sous la même incidence à la face *G H* de la cuve, les rayons diversement colorés de l'image prismatique *v r*, il ne peut alors y avoir de différences de situation dans les images de ces rayons , soit à leur incidence en *e''* , soit à leur incidence au point *o* , que dans le cas seulement où ces rayons seraient différemment réfrangibles.

Or , comme cela n'a point lieu , et que ces rayons , au contraire , vont tous porter leur image au point *e''*, et ensuite , à leur émergence , au point *o* , à quelque distance que ce soit de la cuve , il s'en suit donc évidemment que ces rayons , quoique de diverses couleurs , ne sont point différemment réfrangibles ; conséquence qui résulte naturellement encore de l'expérience que je viens de décrire , et qu'on peut même tirer aussi de la précédente , si on l'a bien comprise.

Les deux expériences suivantes , faites avec des prismes équilatéraux , ont également pour objet , savoir : la première , *fig.* 206, d'indiquer la cause de l'inclinaison des images qui sont reçues à la face intérieure de ces prismes et au-delà de leur émergence , et la seconde , *fig.* 207 , de prouver , par ampliation , le principe que vient de justifier l'expérience , *fig.* 205.

. Soient *A B C*, *fig.* 206, un prisme équilatéral en flint-glass, et *D E F* un prisme rectangulaire faisant fonction de réflecteur ; puis, soit *G H I* une cuve prismatique équilatérale remplie d'eau bien claire (1).

Si l'on place cette cuve à l'égard du faisceau de lumière qui est réfracté par le prisme *A B C*, dans la situation où l'image de ce faisceau projeté en $\rho\,r$, sur la face *G I* de la cuve, puisse traverser l'eau qu'elle contient bien parallèlement à sa base *G H*, (auquel cas cette cuve se trouve placée dans les conditions où elle donne l'image $\rho\,r$ à l'état stationnaire), l'on remarque alors que cette image, quoique projetée bien verticalement à la face d'incidence *G I* de la cuve, se trouve légèrement inclinée, à son incidence en $\rho'\,r'$ sur la face intérieure *H I* par rapport à la première $\rho\,r$. De plus, il en est de même encore à l'égard de cette image, reçue à quelque distance que ce soit de la cuve prismatique.

Si, comme dans l'expérience, *fig.* 204, l'on applique à la face *H I* de cette cuve une feuille d'étain, dans laquelle on aurait aussi réservé une ouverture étroite, oblongue et verticale, pour donner passage à l'image $\rho'\,r'$, l'on observe alors que cette image reçue au-delà de son émergence, comme vers la verticale *K L*, est égale-

______

(1). Les côtés ou faces de cette cuve n'étaient que de 26 centimètres de longueur et pouvaient alors laisser quelques doutes ; mais j'ai répété la même expérience avec une cuve formée comme celle décrite dans la note de la page 53 de ce Mémoire, avec cette différence que les glaces qui en fermaient les extrémités étaient inclinées entre elles sous un angle de 60°, et que le trajet, soit de l'image prismatique qui la traversait dans sa longueur, soit des rayons particuliers de cette image, comme dans l'expérience suivante, était de 64 centimètres.

ment inclinée : ce qui , dans le même cas , n'a point lieu dans l'expérience , *fig.* 204.

Si maintenant , pour éviter aussi de confondre les divers résultats de cette expérience , soit entre eux , soit avec ceux de l'expérience suivante , l'on considère la situation respective des axes de ces milieux , on reconnaît aisément encore qu'ils sont , entre eux , dans les mêmes conditions que ceux des expériences déjà citées plus haut , et que la situation inclinée de l'image $\nu' r'$ n'est, comme dans l'expérience, *fig.* 204 , que la résultante de la combinaison des milieux $A\,B\,C$ et $G\,H\,I$, et non un produit de la propriété qu'auraient les rayons de diverses couleurs d'être différemment réfrangibles.

Quant à l'inclinaison qu'offre cette image en $\nu'' r''$, quoiqu'elle soit transmise à son émergence par une ouverture verticale, il est évident aussi qu'elle n'est et ne peut être qu'un résultat du pouvoir dispersif particulier de la cuve prismatique , et alors de la nouvelle combinaison de ce pouvoir avec celui du premier prisme $B\,A\,C$; d'où l'on voit qu'il y a dans cette expérience deux combinaisons successives de la même espèce , et qu'il faut distinguer , savoir : la 1re en νr , à la face d'incidence de la cuve, et la seconde en $\nu' r'$ à son émergence. Or il est facile de voir que cette seconde inclinaison n'est pas plus propre que la première , déjà observée dans l'expérience , *fig.* 204 , à prouver l'existence du principe des réfrangibilités diverses , puisque cette seconde inclinaison n'est encore qu'une simple résultante de la combinaison des pouvoirs dispersifs des deux milieux $A\,B$ et $G\,H\,I$, laquelle résultante est toujours en raison composée de l'inclinaison entre eux des axes de ces milieux, et du pouvoir dis-persif plus ou moins fort du liquide intro-duit dans la cuve.

Pour justifier encore les divers points de doctrine que donnent les faits qui résultent de la situation respective des axes des mi-lieux de l'expérience précédente (faits qu'il ne faut pas confondre avec ceux de l'expé-rience qui suit), j'ai réfracté un trait de lumière n, *fig.* 207 , par un prisme équila-téral $A\ B$ placé verticalement. J'en ai reçu l'image $\rho\ r$ sur le diaphragme $C\ D$ percé en a, d'une ouverture de deux à trois milli-mètres , par laquelle j'ai fait successivement passer, parallèlement à la face $G\ H$ de la cuve, les rayons de diverses couleurs de l'image prismatique , de manière que, pas-sant exactement par l'ouverture e du second diaphragme $c\ d$, ils puissent arriver enfin ,

sous la même incidence , au point e^{l}, à la face $G\ I$ de cette cuve.

Comme , dans cette expérience , les axes des milieux $A\ B$ et $G\ H\ I$ sont parallèles , alors il ne peut y avoir aucune combinaison de l'espèce de celles qu'on remarque dans les expériences , *fig.* 204 et 206 , expériences dans lesquelles les axes des prismes sont inclinés entre eux ; c'est pourquoi il ne peut plus y avoir ici de différences au point e^{ll} dans la situation des rayons de diverses couleurs, tous réfractés au même point d'in-cidence en e^{l} , que dans le seul cas où ces rayons seraient en effet différemment ré-frangibles.

Or, comme ils vont tous encore se placer ici exactement au même point en e^{ll}, ils n'ont donc point, en définitive, de réfrangi-bilités différentes.

8

Quant à la différence de situation qu'offrent de *o* en *o'*, à leur émergence du point *o''*, les rayons de diverses couleurs, tels que le *rouge* et le *violet*, par exemple, il est aisé de voir qu'elle est un produit nouveau donné par le pouvoir dispersif de la cuve prismatique ; mais que, cependant, cette différence ne peut absolument rien prouver encore à l'égard des réfrangibilités diverses, attendu que ce n'est point à leur émergence, mais bien dans l'intérieur du nouveau milieu que les rayons traversent, et dans lequel ils subissent une nouvelle réfraction, qu'il faut constater si ces rayons suivent des routes différentes à raison des différences de leur couleur.

Si, cependant, l'on doutait que ces différences de situation dans les images *rouge* et *violette*, *o* et *o'*, appartinssent à l'action de la cuve seulement, on pourrait s'en convaincre aisément, en substituant à l'eau de la cuve des solutions salines ou métalliques d'un pouvoir dispersif croissant, et alors on observerait que pendant que les rayons de diverses couleurs iraient se placer tous encore au même point en *e''*, les intervalles entre les images *rouge et violette*, *o* et *o'*, suivraient, au contraire, les différences du pouvoir dispersif de ces diverses solutions : ce qui, comme on voit, ne laisserait plus aucun doute sur la cause des différences dans les résultats de cette dernière expérience, comme sur les conséquences qu'on doit en tirer, et particulièrement sur celle-ci, savoir : que les rayons de diverses couleurs ne sont point différemment réfrangibles.

Quelque opposé que soit le point de doctrine que viennent de justifier encore les expériences de ce mémoire, à l'égard de celui de Newton, une seule observation peut

servir à faire cesser l'étonnement que pourrait produire une pareille dissidence entre
sa doctrine et les faits:

Quand Newton conçut l'idée de ses réfrangibilités diverses , et qu'il forma le dessein d'en faire la base de sa doctrine , il
était alors évidemment dans l'opinion que
les couleurs étaient des produits immédiats
de la réfraction de la lumière, et en même
temps qu'elles en étaient les élémens.

Mais si , avant de chercher à prouver ces
divers points de doctrine , il eût d'abord
examiné en physicien la question de savoir si
la réfraction pouvait être le principe générateur des couleurs , et si, en même temps ,
il eût considéré avec soin les autres classes
de phénomènes qui donnent aussi des couleurs , mais sans le secours de la réfraction ,
il eût bientôt reconnu que puisqu'il pouvait
y avoir réfraction sans couleurs , et couleurs

sans réfraction , celle-ci ne pouvait être
alors la véritable cause de leur production.
D'après cela , il eût sans doute aussi reconnu qu'il était inconvenant de chercher à
soumettre aux lois de la réfraction proprement dite , des phénomènes qui n'en dé-
pendaient nullement.

Mais comme il ne s'aperçut que fort
tard (1) que les couleurs ne pouvaient appartenir à la réfraction , et que d'ailleurs sa
doctrine commençait à se propager , il n'eut
point le courage de revenir sur les principes
qu'il avait déduits de ses premières expériences pour vérifier ces principes par un nouvel
examen de celles-ci. Aussi ne faut-il point
s'étonner qu'on trouve des résultats , et alors

____

(1) Ce n'est qu'au commmencement du troisième et
dernier Livre de son Optique que Newton s'aperçoit,
que les couleurs ne peuvent appartenir à la réfraction.

des principes si différens des siens, dans l'examen régulier de ses propres expériences; ce qui n'aurait pas dû se rencontrer, cependant, dans une doctrine que quelques enthousiastes s'étaient efforcés jusqu'ici de présenter comme devant expliquer tous les faits.

CH. BOURGEOIS.

CONSIDÉRATIONS

Sur l'influence exercée sur les progrès de l'optique et des arts qui dépendent de cette science, par le point de doctrine des réfrangibilités diverses de la lumière et des couleurs, ainsi que par la distinction qu'on avait imaginée entre les lois que suivent les couleurs prismatiques et les lois que suivent les couleurs employées dans les arts,

Communiquées, le 14 décembre 1822, à la Société royale académique des Sciences.

MESSIEURS,

IL serait sans doute inutile d'appeler de nouveau votre attention sur l'importance du point de doctrine qui fait le sujet du Mémoire que j'ai eu l'honneur de vous lire le 15 janvier dernier; puisqu'en effet il s'agissait, dans ce Mémoire, de constater, par l'expérience, si le principe qui sert de base à la doctrine que l'on enseigne depuis plus d'un siècle, existe réellement, et si ce principe pouvait s'accorder avec ce qui se passe dans notre œil, dans la perception des objets extérieurs qui sont différemment colorés.

Or, comme la répétition des expériences, ainsi que vous l'avez vu par le rapport de MM. les Commissaires de la Société, a pleinement justifié toutes les parties de ce Mémoire, et que ces expériences prouvent que les rayons qui sont différemment colorés, ne sont point différemment réfrangibles, elles prouvent donc, en même temps, que la lumière n'est point composée de rayons qui diffèrent en réfrangibilité, et enfin que la production des couleurs n'est point une décomposition de la lumière.

L'illusion du point de doctrine des réfrangibilités diverses étant ainsi mise tout-à-fait hors de doute, il nous reste maintenant à vous parler de l'influence que ce point de doctrine a exercé sur la science des phénomènes de la lumière et des couleurs, considérés, soit par rapport à l'étude de l'optique, soit par rapport à l'application de cette science aux arts qui en dépendent, tels que la peinture, la teinture, etc., etc.

PREMIÈRE PARTIE.

Dans l'étude des sciences physiques, le but est, comme on sait, de connaître les lois de la nature. Or, qui veut la fin veut les moyens, et ici, ces moyens sont évidemment l'expérience, sans laquelle on ne peut guère imaginer que des romans.

C'était sans doute aussi l'opinion qu'avait à cet égard l'auteur du point de doctrine des réfraugibilités diverses, puisqu'il commence son Traité d'Optique par annoncer « Que « son dessein n'est pas d'expliquer les pro-« priétés de la lumière par des hypothèses, « mais de les exposer *nuement*, pour les « prouver ensuite par le raisonnement ap-« puyé sur l'expérience. »

Mais ayant confondu, dès sa première pensée sur la réfraction, les deux pouvoirs qui, dans les milieux prismatiques formés d'une même substance, agissent conjointement et chacun d'eux, néanmoins, séparément en ce qui les concerne, sur les rayons de la lumière, il crut qu'en effet les couleurs des images prismatiques étaient exclusivement dues à la réfraction seule.

Or, c'est cette première et grave erreur qui lui fit naître l'idée des réfrangibilités diverses, et lui fit croire qu'il pourrait prouver, par l'expérience, que les rayons de diverses couleurs étaient différemment réfrangibles, puis, d'après cela, que la lumière était composée de rayons qui différaient alors en degrés de réfrangibilité, et enfin que la production des couleurs, par la réfraction, était une véritable décomposition de la lumière.

Le faux éclat de ces ingénieuses hypothèses, tout erronées qu'elles étaient, séduisit néanmoins leur auteur au point de faire de l'erreur même qui y avait donné lieu, la base fondamentale de sa doctrine ; et dèslors, il se mit sérieusement à chercher dans l'expérience ceux des faits dont les apparences pouvaient le mieux servir à justifier ces hypothèses, en écartant soit à dessein, soit par un défaut d'habitude, les particularités de ces faits qui pouvaient gêner le système qu'il voulait établir, ou l'avertir de ses erreurs, s'il eût en effet su bien lire dans l'expérience.

Mais comme il était parti de l'erreur capitale dont nous venons de parler, il ne put rien obtenir de l'expérience si ce n'est de nouvelles hypothèses au moyen desquelles, croyant expliquer la nature, il n'en fit, au contraire, que le roman. En effet, quelque soin qu'il ait pris, il ne put, même une seule fois, accorder exactement ses principes avec ses propres expériences considérées dans toutes leurs parties, sans exception, avec un œil exercé à l'observation.

S'il ne s'agissait point ici, Messieurs, d'une science naturelle, et par conséquent d'une science nécessairement fondée sur l'observation des faits, on pourrait dire, peut-être, que les erreurs dont nous venons de parler ont été amplement rachetées par la richesse d'invention et l'art avec lequel leur auteur a su lier, dans son système, ses différentes hypothèses, et enfin par le succès que ces hypothèses ont eues dans le monde.

Mais quel est l'imprudent qui pourrait tenir un pareil langage, quand maintenant il est si visible, que cette apparente liaison de principes, bien loin d'être confirmée par les faits, est, au contraire, constamment infirmée par eux, et quand elle n'est visiblement que celle des idées que leur auteur s'était déjà formées par avance sur les phéno-

mènes de la lumière, d'après le principe erroné des réfrangibilités diverses.

En effet, si l'on considère avec quelque attention, l'ordre dans lequel sont développées les expériences dont se compose sa doctrine, il devient évident que bien loin de trouver entre elles aucune espèce de liaison par rapport au principe auquel elles appartiennent, comme à celui même qu'elles sont destinées à établir, on n'y trouve en effet qu'un véritable désordre, tout y étant déplacé ou confondu; et, à cet égard, les exemples propres à justifier ce que nous avançons ici, ne manqueront pas à ceux qui prendront la peine de comparer entre eux, quant à l'ordre de leur dépendance naturelle et réciproque, les phénomènes décrits dans notre Manuel d'optique, avec ceux de la doctrine des réfrangibilités diverses.

Mais pour faire utilement cette comparaison, il faut observer d'abord, que, comme les phénomènes de l'optique, quoique complexes, ne le sont pas tous également , la chaîne qui les lie tous entre eux doit alors résulter de leur composition dans l'ordre des plus simples aux plus composés ; d'où l'on voit que les phénomènes les plus simples sont ceux qui sont produits par le concours du plus petit nombre d'agens, comme les plus composés le sont par le plus grand nombre , et les intermédiaires par un nombre moyen.

Or, puisque les phénomènes de la réflexion et de la diffraction simples et complexes de la lumière sont produits sans qu'elle ait besoin de changer de milieu, et alors, sans le concours d'aucun pouvoir réfringent quelconque, ces phénomènes se trouvent donc naturellement placés dans la classe de ceux qui sont les plus simples , quoiqu'ils soient eux-mêmes déjà plus ou moins composés ;

tels sont, dans cette première classe de phénomènes, ceux que nous avons nommés complexes, à l'égard de ceux que nous avons nommés simples, et réciproquement.

Quant aux phénomènes de la réfraction, tant simple que complexe, et dont la production n'a jamais lieu que quand la lumière passe d'un milieu dans un autre, cette circonstance particulière qui , dans le cas de la réfraction complexe, se combine avec les causes de la production des couleurs, en rend alors les résultats d'autant plus composés que, dans cette seconde classe, les agens se trouvent ainsi cumulés en plus ou moins grand nombre.

Ainsi, d'après ces observations, on voit combien il est facile de placer dans leur ordre naturel de composition la série de tous les phénomènes de l'optique, et de connaître, en même temps, par cet ordre de composition, celui dans lequel ces phénomènes doivent être étudiés : et c'est en effet cet ordre que nous nous sommes attaché à suivre dans le *Manuel d'Optique expérimentale*, pour l'exposition et l'examen des faits.

Mais indépendamment de l'ordre naturel dans lequel les phénomènes de l'optique doivent être observés, nous devons dire ici, cependant, que cet ordre serait insuffisant pour les connaître tout entiers, si l'on n'étudiait, avant tout, une autre classe de phénomènes dont la connaissance est absolument indispensable pour parvenir à distinguer facilement entre elles les nombreuses modifications d'où naissent les différens états des phénomènes donnés par la réflexion, la diffraction et la réfraction simples et complexes de la lumière ; sans quoi, l'on serait exposé, comme cela est très-souvent arrivé à Newton lui-même, à attribuer à des causes tout-à-fait étrangères, des phénomènes qui appartiendraient exclusivement à la classe de ceux dont nous parlons, c'est-à-dire à celle des lois de la combinaison des couleurs entre elles : lois importantes, au moyen seul desquelles on peut arriver avec certitude à la connaissance du nombre véritable et du caractère spécifique des couleurs élémentaires, de leur influence réciproque et des résultats remarquables et concluans des divers cas de ces combinaisons ; et c'est aussi par ces motifs que nous avons commencé d'abord, dans le *Manuel d'Optique expérimentale*, par l'exposition des lois de ces combinaisons.

Ainsi, cette méthode d'observation, qui n'est, comme vous le voyez, Messieurs, que l'ordre simple et naturel dans lequel se produisent les phénomènes de l'optique, ne permet donc pas de croire qu'on puisse en adopter aucune autre sans s'exposer, en même

.temps, à tous les désordres qu'entraînerait avec elle une méthode purement arbitraire, dans une étude aussi délicate que celle des phénomènes de la lumière et des couleurs.

C'est cependant, Messieurs, l'une de ces méthodes arbitraires qu'a particulièrement suivie, dans son Optique, l'auteur des réfrangibilités diverses, en ne considérant exclusivement les phénomènes de la lumière et des couleurs que sous le point de vue du principe illusoire qu'il voulait établir, et des nouvelles hypothèses auxquelles ce principe l'avait conduit, c'est-à-dire, en ne considérant seulement les phénomènes que sous le point de vue de leur situation respective.

Aussi, ne doit-on pas s'étonner si, sans avoir égard à l'ordre dont nous venons de parler, il commence l'exposition de son système par celles des expériences les plus composées de l'optique, telles, par exemple, que celle des deux rectangles colorés, et s'il ne parle ensuite qu'à la fin de son ouvrage et même que comme un hors-d'œuvre, des expériences qui sont de la classe les plus simples, telles que celles sur la diffraction ; se privant ainsi par cet ordre arbitraire et tout-à-fait inverse de l'ordre naturel qu'il devait suivre, des inductions précieuses qu'il aurait pu tirer de la classe des phénomènes les plus simples, pour l'éclairer sur ceux plus composés qu'il a particulièrement considérés. Mais, séduit par le principe imaginaire qui le dominait, il ne voyait partout, dans l'optique, que des réfrangibilités diverses.

Quant au soin tout particulier de détails souvent bien inutiles et toujours incomplets, avec lequel les expériences de la doctrine de Newton paraîtraient d'abord exposées, nous devons à ceux que ces détails pourraient séduire, quelques observations importantes, afin de les prémunir contre l'apparente exactitude de ces détails, comme aussi dans d'autres cas, contre leur extrême exiguité.

Nous avons déjà dit et fait voir ailleurs (1) que tous les phénomènes de l'optique avaient lieu dans une certaine latitude, limitée par des termes entre lesquels leur série était circonscrite, et qu'ils offraient, aux divers degrés compris entre ces termes, des apparences souvent très-différentes.

D'après cela, on voit donc de quelle importance il est, dans l'observation d'un fait quel qu'il soit, de fixer d'abord, pour l'étudier et parvenir à le connaître, le degré qu'il occupe dans la série dont il dépend, sans quoi

tout ce qu'on pourrait dire à son égard ne serait jamais vrai que pour un seul cas de la série, lequel, d'ailleurs, n'étant pas déterminé lui-même, ne pourrait, par cette raison, jamais servir à rien déterminer.

Or, c'est évidemment le cas de la doctrine des réfrangibilités diverses, qui, dans le plus grand nombre des faits qui y sont exposés, soit avec ou sans les soins de détails dont nous venons de parler, offre néanmoins constamment ce vice capital d'observation.

Par exemple : l'auteur de cette doctrine veut-il fixer les conditions de l'image prismatique à l'état stationnaire (1)? il se borne à énoncer seulement que cet état a lieu quand l'image ne monte ou ne descend plus, auquel cas, les angles d'incidence et d'émergence lui

---

(1) Voyez, dans le Manuel d'optique, l'examen des phénomènes de la réflexion, de la diffraction et de la réfraction complexes.

(1) Optique de Newton, liv. Ier, 1re partie, 2e proposition, 3e expérience.

paraissent *égaux* (1). Voilà tout ; et satisfait de cette indication qui avait cependant besoin de développemens, pour fixer cette égalité par une observation régulière, il ne fait aucune espèce de mention des phénomènes particuliers qu'offre cette image, et des changemens qu'elle subit, depuis le point où elle est stationnaire jusqu'à celui de chacun des deux termes extrêmes de la série dont elle dépend ; ensorte que, pour lui, ce qui se passe de remarquable dans les phénomènes compris entre ces termes, est tout-à-fait insignifiant, quoiqu'avec un peu d'attention il y eût trouvé les indices les plus sûrs de la formation de l'image prismatique, et de son état de composition.

Veut-il, dans un cas plus composé étudier les images données par la combinaison de plusieurs prismes (1)? D'abord, oubliant lui-même de mettre chacun de ses prismes à cet état stationnaire qu'il vient d'indiquer, et négligeant ensuite de mesurer les diverses images de son expérience à des distances exactement semblables, ce qui, dans le cas dont il s'agit, était indispensable, il échafaude, sans rien déterminer encore à cet égard, un point illusoire de doctrine sur des phénomènes très-mal observés, et pris de même au hasard dans la série dont ils dépendent.

Veut-il enfin étudier encore un autre

---

(1) L'axe du faisceau émergent étant sur le *jaune* et non sur le milieu du spectre, comme Newton l'avait indiqué, la fixation de cette égalité n'est exacte, que quand elle a lieu entre l'axe du faisceau incident et celui du faisceau émergent situé sur le *jaune*.

(1) Optique, livre Ier, 1re partie, 2e proposition, 5e expérience, et 6e proposition, 15e expérience.

ordre remarquable de phénomènes, celui des anneaux colorés (1)? il s'arrête de même à un seul cas particulier et non déterminé de leur série, sans chercher dans les autres faits qui en dépendent, les moyens d'éclairer celui dont il s'occupe, et, par là, le principe qu'il veut établir. Puis il nous donne, d'après ce seul cas particulier, une théorie générale de cette classe de phénomènes, théorie qu'une apparente précision de détails rend d'autant plus vraisemblable pour ceux qui n'ont point l'habitude des phénomènes, qu'elle semble les conduire à la connaissance, mais bien illusoire encore, d'une autre propriété de la lumière, celle des accès de facile réflexion et de facile transmission.

(1) Optique, livre II, 1re partie, observations concernant les réflexions, les réfractions et les couleurs des corps minces transparens; page 1re et suivantes.

Chacun des faits exposés dans cette doctrine pouvant offrir le même vice d'observation, nous ne finirions pas, Messieurs, si nous voulions les citer tous, et si nous n'en bornions ici les exemples à ceux que nous venons de vous en offrir; lesquels exemples, d'ailleurs, peuvent suffire, tant pour donner une idée du désordre extrême qui règne encore à cet égard, dans la doctrine des réfrangibilités diverses, que pour faire voir aussi que rien n'est plus vague et plus illusoire que les démonstrations régulières des principes déduits d'observations aussi irrégulières elles-mêmes.

Maintenant, si l'on considère à quoi se réduisent les services que le calcul a pu rendre à l'optique en partant de pareilles observations, on sera bientôt convaincu que, si, dans d'autres cas, c'est-à-dire avec de meilleurs élémens, il peut fixer quelques

principes et même en faire connaître de nouveaux, il n'a fait, en partant des erreurs
dont nous venons de donner quelques exemples, qu'aggraver le mal en augmentant la
confiance et l'illusion de ceux qui n'étant
pas assez familiers avec le langage des faits,
se crurent, avec le secours du calcul, dis-
pensés de les étudier eux-mêmes.

Voilà donc en deux mots le véritable état
des choses à l'égard des expériences de cette
doctrine et de l'illusion que peut produire
l'exactitude apparente de leur description.
Cependant, malgré les nombreuses inconsé-
quences dont elle fourmille, elle n'en a pas
moins fait le tour du monde et séduit les
meilleures têtes. Mais plus ce succès s'est
accru, plus il importe de chercher à connaître à quelle cause il appartient, et surtout l'influence qu'il a exercée sur la science
des phénomènes de l'optique, comme sur
les principes des arts qui dépendent de cette
science.

Si à l'époque où parut la doctrine des réfrangibilités diverses, il en eût existé quelqu'autre plus généralément conforme à l'expérience, et qui, par cela même, en eût pu
expliquer, sans hypothèses, tous les cas
particuliers, il est certain qu'on ne l'eût
point échangée contre celle de Newton qui,
sans ce secours, n'en peut expliquer aucun; et alors, la raison seulement d'une apparente liaison entre les faits, et d'une certaine exactitude de détails dans leur exposition, n'aurait pas suffi pour opérer cet
échange.

Mais, à cette époque, soit que l'on man-
quât d'instrumens, ou soit que les physiciens eux-mêmes manquassent de l'habitude
d'en faire usage, l'expérience était assez
négligée, et l'on ne raisonnait guère que

sur celles qu'on pouvait faire aisément. D'après cela, il est possible de croire qu'il n'existait, à cette époque, aucune doctrine qui présentât, comme celle de Newton, un certain ensemble de faits qui, par leur développement et la hardiesse des conséquences qu'il en tirait, pouvait étonner d'abord et en imposer d'autant plus que ces conséquences paraissaient encore fortifiées par le secours de la géométrie et les formes régulières du calcul. Aussi, malgré les nombreux obstacles qu'elle eut à surmonter, finit-elle enfin par triompher de ces doctrines, au moins dans l'opinion des géomètres : circonstance assez remarquable, et qui, en passant, peut servir à prouver que ces géomètres ne faisaient guère mieux, à cette époque, des expériences à Londres, qu'on ne les faisait à Paris, quand cette doctrine y pénétra.

Ainsi, quelque vicieuses qu'aient été les doctrines qui ont cédé le pas à celle de Newton, l'on ne peut supposer cependant que l'avantage qui lui est resté soit dû à la solidité de ses principes et à la conformité de ses expériences avec la marche habituelle de la nature ; car alors, ce serait supposer bien étranges les doctrines sur lesquelles la sienne aurait prévalu, quoiqu'il n'ait considéré les phénomènes de l'optique qu'en géomètre seulement ; c'est-à-dire, que sous le rapport de leur situation respective : rapports déterminables, à la vérité, par la géométrie et le calcul, mais bien insuffisans encore pour faire connaître entièrement leur véritable caractère physique, et la loi qui les gouverne. Mais disons-le franchement, et cela, d'ailleurs, paraîtra évident aux géomètres eux-mêmes qui sont familiers avec l'expérience, c'est à l'art infini avec lequel l'auteur du principe illusoire des réfrangibilités diverses est parvenu, non sans beaucoup de peines, sans doute, à ajuster à ses différentes hypothèses les formes imposantes du calcul, qu'est véritablement dû le succès étrange de sa doctrine, et l'influence qu'elle a exercé sur l'opinion des plus savans géomètres, chez lesquels la raison a pris quelquefois les formes d'un véritable fanatisme (1).

Quoique l'innombrable variété de phénomènes de l'optique ait cet avantage particulier de n'avoir qu'un seul et unique principe de leur production, la lumière, cependant l'étude de cette science est extrêmement délicate, attendu que les phénomènes en sont presque toujours très-complexes, c'est-à-dire, qu'ils sont presque toujours le résultat de plusieurs agens, dont souvent l'action disparaît, pour ne laisser apercevoir que le résultat définitif de la combinaison de ces agens.

______

(1) Au lieu de discussions loyales et franches, seul moyen d'arriver à la connaissance de la vérité, on ne trouve guère dans les raisons sur lesquelles s'appuient les partisans de cette doctrine que des exemples de cet étrange fanatisme. Dans le nombre de ceux que nous pourrions citer ici, nous nous bornerons à un seul, parce qu'il est récent, et en même temps fort remarquable : c'est celui qu'offre à l'égard de l'optique, la notice sur Newton, dans la Biographie universelle.

Dans cette notice où les formes les plus exaltées de la louange sont constamment employées à présenter comme des découvertes fondamentales les *quiproquos* les plus évidens et les illusions les plus palpables, tout se réduit, néanmoins, à de pures assertions sur l'existence de principes dont pas un seul n'est réellement justifié par l'expérience, comme nous l'avions déjà fait voir long-temps avant la composition de cette notice.

10

Ainsi, l'on voit que pour parvenir à bien connaître un phénomène d'optique, il faut étudier d'abord ce qu'il offre d'ostensible pour découvrir ce qu'il a de caché, puis faire servir la connaissance de ce qu'il avait de caché, pour arriver enfin à celle des causes de ce qu'il a définitivement d'ostensible. Et c'est seulement par cette alternation d'opérations délicates, qu'on peut arriver en définitive à l'analyse complète des phénomènes.

Mais, pour un pareil travail, il faut du temps, parce que la précipitation ne conduit à rien et que, d'ailleurs, les opérations en sont quelquefois très-longues. Il faut des instrumens qui soient appropriés aux observations qu'on veut faire, parce qu'ils sont eux-mêmes les premiers agens des phénomènes. Il faut de la patience, parce que le premier aperçu d'un fait ne suffit pas pour y découvrir tout ce qu'il contient, et qu'il faut le répéter jusqu'à ce qu'il puisse s'expliquer de lui-même, sans le secours d'aucune hypothèse. Enfin, il faut un but et le génie de l'observation, parce que sans but l'on n'arrive à aucun principe, et que sans le génie de l'observation, on laisse le plus souvent passer devant soi les parties les plus délicates et les plus significatives des faits, pour ne s'occuper que de celles qui sont les plus apparentes, et qui souvent sont étrangères au point de doctrine qu'on veut constater.

A ces diverses conditions, il faut encore ajouter celle-ci, savoir : qu'un seul fait isolé ne signifie encore rien, et qu'on n'en peut tirer aucune conséquence définitive, si l'on ne connaît déjà un grand nombre d'autres faits, afin de pouvoir juger au moyen des différences ou des rapports qu'a avec eux celui qu'on examine, à quel principe celui-ci-appartient, quels sont les agens qui le produisent, et enfin dans quelles proportions l'action de chacun de ces agens se trouve combinée dans la production de ce fait.

Il faut, comme on voit, avoir fait souvent soi-même et régulièrement des observations de ce genre, pour avoir une idée des précautions qu'il faut prendre et des nombreuses difficultés que l'on rencontre dans l'expérience soit par l'état du ciel, soit par la nouveauté des phénomènes, soit par les instrumens, soit enfin par la disposition des appareils, quand ils sont très-composés.

Avec de pareils obstacles il ne faut donc pas s'étonner qu'on soit encore si peu avancé, en optique, dans l'art de lire dans l'expérience, et alors qu'une doctrine qui, cependant, n'était fondée que sur une véritable illusion, pour ne pas dire une absurdité, et dans laquelle, d'ailleurs, on trouvait réunis tant d'autres élémens d'erreurs, ait pu séduire tant de monde et particulièrement ceux qui crurent trouver à-la-fois dans les formes régulières du calcul, et le moyen de suppléer à ces obstacles, et les preuves de la bonté des expériences, comme de la solidité des principes que l'auteur de cette doctrine en avait tirés.

Dès que les savans eurent admis que les choses se passaient, ou devaient se passer conformément aux hypothèses qui, dans la doctrine en question, servaient d'élémens au calcul ; dès qu'ils eurent admis que la mesure des phénomènes de situation suffisait seule pour en connaître les lois physiques, l'optique fut à-peu-près perdue ; car cette double erreur fut aussitôt partagée par tout ce qui était géomètre, ou prétendait à ce titre (1).

____

(1) Ce qui a évidemment perdu l'optique et l'a

D'après cela, il est facile de voir comment cette classe de savans, transformée si tôt et si aisément en physiciens, a pu se croire, à raison même de cela, exclusivement appelée à entendre et même à propager des principes que le calcul lui semblait si bien établir ; et le résultat de cette masse d'opinions formée par la communauté d'une même langue dans laquelle ces hypothèses avaient été traduites, fut de former, à son tour, l'opinion générale, et enfin le succès étrange d'une doctrine subversive de tous les principes naturels, et néanmoins considérée par ces savans comme le chef-d'œuvre de l'esprit humain.

Pendant que les choses se passaient ainsi, les praticiens, c'est-à-dire, ceux qui exerçaient les arts dans lesquels les couleurs sont les moyens, trouvant des principes tout-à-fait différens, ne pouvaient concevoir comment ceux qu'on leur annonçait pour être les seuls véritables, s'accordaient cependant si peu avec la pratique de leur art.

Cette dissidence de résultats leur fit soup-

---

mise dans l'état de désordre où elle est encore aujourd'hui, c'est la préférence exclusive que l'on a donnée depuis Newton et d'après son exemple, à la mesure des phénomènes de situation, sur l'étude des caractères physiques aussi nombreux que variés qu'ils présentent; caractères, cependant, sans la connaissance exacte et préliminaire desquels le calcul n'est plus, dans ce cas, qu'un instrument de mensonge et d'illusion. Aussi, quel abus n'en a-t-on pas fait, depuis quelque temps, pour parvenir à faire croire qu'il faut tout autre chose que du bon sens, de la droiture et l'habitude des faits pour bien entendre les phénomènes de l'optique. Que de charlatanisme, que de charlatans et que de dupes offrirait l'histoire de cette science, si elle était faite par quelqu'un de désintéressé, et qui entendît parfaitement les faits!

çonner quelques erreurs dans les principes de la doctrine des géomètres ; et, comme en effet ceux-ci n'avaient réellement pour base, à l'égard des couleurs, que de pures hypothèses, pendant, au contraire, que tous les principes des praticiens, quoique bornés aux phénomènes des substances matérielles, étaient directement déduits de l'expérience et toujours confirmés par elle, ces derniers tentèrent, à différentes époques, d'avertir les partisans de ces hypothèses des résultats de leurs fréquentes observations.

Mais quel fut, à chaque fois, leur étonnement, lorsqu'au lieu de trouver chez ces savans la confiance et les égards qu'on doit nécessairement à l'autorité des faits dans l'étude des sciences naturelles, ils la repoussaient, au contraire, avec orgueil, et ne lui opposaient toujours que les mêmes hypothèses, croyant ou voulant sans doute faire croire par là, qu'ils avaient des moyens certains de découvrir, sans le secours de l'expérience, la véritable marche de la nature.

Cependant, cette uniformité de principes observée à toutes les époques dans la pratique des arts, ne laissait pas de les inquiéter, vu qu'ils ne pouvaient guère se dissimuler que les phénomènes des couleurs employées dans les arts qui dépendent de l'optique, n'appartinssent également à la lumière.

Mais alors, pour sortir d'embarras, à l'extravagance de se croire au-dessus des faits, ils en ajoutèrent une autre plus ridicule encore, savoir : que les phénomènes des couleurs dans les arts suivaient des lois tout-à-fait différentes de celles des couleurs de la lumière dans les phénomènes de l'optique.

Ainsi donc, après s'être ainsi mis à l'aise,

en séparant, au lieu de les étudier l'une par l'autre, comme nous l'avons fait dans le Manuel d'optique et nos autres ouvrages, deux classes de phénomènes évidemment identiques, tant par les principes qui les produisent, que par les lois physiques qui les gouvernent, ils ne s'appliquèrent alors qu'à donner à cette insidieuse distinction tous les caractères d'une véritable et importante découverte; et ceux même qui depuis l'adoptèrent sur ce pied, séduits apparemment par la commodité de cette invention, ne s'avisèrent pas même de soupçonner qu'elle pouvait n'être qu'une escobarderie née de l'impuissance où leurs auteurs avaient été, sans doute, d'observer l'une par l'autre, ces deux classes de phénomènes.

Bien qu'au premier aspect, cette distinction ait paru accorder entre elles, les prétentions des géomètres et celles des praticiens, en donnant lieu à une apparente concession réciproque de leurs principes; la vérité est, cependant, que l'optique n'en a pas fait, pour cela, un pas de plus, et qu'on pourrait dire, au contraire, qu'elle a plutôt rétrogradé, vu que depuis cette époque on s'est constamment servi de cette ridicule distinction, pour l'opposer aux faits les plus concluans observés dans la pratique des arts, comme dans l'optique elle-même.

De plus, il est encore à remarquer que cette singulière concession était par elle-même illusoire, vu qu'elle n'avait été faite et consentie que par ceux qui avaient imaginé la distinction dont il s'agit; car, en effet, jamais les praticiens ne l'ont admise, attendu que leur opinion, formée par leur propre expérience, avait toujours été que les couleurs, dans les arts, ayant le même principe générateur, la lumière, devaient suivre les mêmes lois que les couleurs des autres classes de phénomènes colorifiques ; ce qui s'est trouvé conforme à l'expérience, ainsi que nous l'avons prouvé depuis (1).

Cependant, comme, d'un côté, il avait suffi aux praticiens, pour l'exercice de leur art, de se borner à l'application seulement des principes que leur avaient donnés leurs fréquentes observations, et que, de l'autre, les géomètres physiciens, pour propager les leurs et en tirer parti, les professaient en public et dans des formes en apparence régulièrement d'accord avec les principes dont ils supposaient l'existence, on conçoit alors comment l'opinion a dû se former bien plutôt, et devenir plus générale en faveur de leur doctrine, qu'à l'égard de celle que

l'on suivait dans les arts, laquelle, d'ailleurs, par suite de la distinction qu'on avait imaginée, ne pouvait plus être réellement comprise que par ceux qui pratiquaient eux-mêmes l'un de ces divers arts.

Or, voici ce qui est résulté de cet étrange succès ; d'abord l'orgueil exclusif du savoir chez ceux qui ont obtenu ce succès ; puis la persuasion qu'eux seuls et, par eux, leurs partisans étaient entrés dans les secrets de la nature, lorsqu'au lieu, cependant, d'un résultat si beau, la science de la lumière et des couleurs n'avait encore pour fondement que d'ingénieuses hypothèses démenties par les faits, et, par conséquent, était encore à naître.

Mais pour conserver l'ascendant qu'un pareil succès leur avait donné sur l'opinion publique, il n'avait plus suffi, à ceux qui avaient obtenu ce succès, de la distinction

---

(1) En 1812, dans le Mémoire sur les lois de la combinaison des couleurs, présenté à l'Académie des Sciences.

qu'ils avaient imaginée, il leur fallut, en outre, empêcher que les praticiens pussent aussi parler au public des principes de leur art, et surtout des rapports que ces principes pouvaient avoir avec les autres classes de phénomènes colorifiques.

Or, comme on ne parle, encore aujourd'hui, au public, pour lui faire connaître les ouvrages qui lui sont destinés, que par des intermédiaires plus ou moins influencés par des égards de bienséance, d'intérêt, ou d'ambition, on conçoit alors à quoi se réduit ce qu'il peut apprendre d'exact sur des travaux qu'il est si facile de dénaturer en lui en rendant compte, et même d'étouffer tout-à-fait par le silence, quand ces travaux peuvent déplaire à quelques influens.

Enfin, pour arriver au dernier terme de la perfection en ce genre de succès, il fallait encore se constituer juges suprêmes en ces matières, en persuadant au public et même à l'autorité, que les gens du métier, c'est-à-dire, ceux qui font un usage habituel des couleurs, tels que les peintres, les teinturiers, les coloristes (1) étaient bien moins capables qu'eux d'en entendre et d'en expliquer les phénomènes.

Mais, au reste, quelque succès qu'ait eu cette nouvelle escobarderie, l'on ne sait pas ce qui doit étonner le plus, ou de la ridicule prétention de ceux qui l'ont imaginée, ou de l'inconséquence de ceux qui l'ont accueillie avec tant de complaisance.

Cependant, que répondraient les fauteurs de l'hypothèse, si on leur demandait compte

______

(1) On nomme *coloristes* ceux qui, dans les manufactures de toiles peintes, sont chargés de la composition chimique des couleurs et de la combinaison physique de leurs nuances.

des applications que l'on peut faire de leur doctrine, soit aux arts, soit à la science elle-même ?

Diront-ils, quant aux arts, que la distinction qu'ils ont imaginée les autorise à garder dorénavant le silence sur les faits concluans qu'ils présentent, lorsqu'il est aujourd'hui évidemment prouvé par l'expérience que les couleurs, quelles qu'elles soient, appartiennent au même principe générateur, à la lumière, et suivent, dans leurs diverses modifications, des lois parfaitement identiques ?

Diront-ils, à l'égard de la science, que les réfrangibilités et les réflexibilités diverses de la lumière et des couleurs, sont des principes prouvés par l'expérience, quand celle-ci fait voir si clairement, au contraire, que l'existence de ces principes est impossible, et serait même subversive de notre organisation visuelle ?

Diront-ils, avec plus de raison, que les couleurs sont des produits immédiats et constans de la réfraction, lorsqu'il est démontré par le raisonnement, comme par les expériences les plus positives, qu'elles n'appartiennent nullement à la réfraction, mais qu'elles sont toutes, à quelque classe de phénomènes qu'elles appartiennent, des produits de la diffraction de la lumière ?

Enfin, comment pourraient-ils reproduire encore, comme des conséquences régulières de leurs principes fondamentaux, les hypothèses particulières qu'ils en avaient déduites, quand les bases de ces hypothèses ne sont elles-mêmes que d'ingénieuses illusions ?

Mais si nous en jugeons par l'état de leurs connaissances réelles, à l'égard des faits, et par ce qui nous est arrivé à nous-même dans les rapports que nous avons eus avec ces

savans , au sujet de l'optique , ils reprodui-
ront , sans doute , encore tous ces fallacieux
points de doctrine , comme des principes incontestables (1) , attendu que dans la dispo-

sition où ils ont mis les esprits , à cet égard,
il leur suffira d'un peu de persévérance dans
la conduite qu'ils ont tenue jusqu'ici, pour
prolonger encore quelque temps , et peut-
être toujours , l'illusion du public.

Par ce moyen , ils conservent leur empire
sur l'opinion , et alors la confiance de l'autorité dans les fonctions qu'ils sont appelés

------

(1) Ce qui rend probable ce que nous avançons ici
ce sont les singuliers résultats auxquels ont abouti les
rapports que nous avons eus au sujet du Manuel d'Optique et du Mémoire sur les réfrangibilités diverses,
avec les commissaires MM. Biot et Ampère, nommés
par l'Académie royale des Sciences, pour lui rendre
compte de ces ouvrages.

« Tout en reconnaissant, nous disait M. Biot,
« comme exactes toutes les expériences du Manuel
« d'Optique, mon opinion, en dernier résultat, est
« que ce qui prouve à mes yeux l'excellence de la
« doctrine de Newton, c'est parce qu'elle ne peut
« point du tout s'appliquer aux arts. » Nous vous
laissons, Messieurs, le soin de tirer de cette singulière
opinion toutes les conséquences qu'elle peut fournir.

Quant aux résultats obtenus de M. Ampère, adjoint
à M. Biot pour l'examen seulement du Mémoire sur

les réfrangibilités diverses de la lumière et des couleurs, l'opinion de ce savant est : qu'à l'égard du
principe déduit des expériences, qui infirment celui
des réfrangibilités diverses, « Ce n'est, nous dit-il,
« qu'une *bêtise* que vous avez imaginée. »

Or, comme cette forme de discuter, reproduite
dans les mêmes termes plus de vingt fois, en moins
d'une demi-heure, nous a paru peu propre à éclairer
le point de doctrine que ce savant avait à juger, nous
avons cru alors devoir renoncer à l'espérance de connaître l'opinion de l'Académie royale des Sciences sur
la question importante que nous avions soumise à son
jugement.

à remplir dans l'instruction de la jeunesse. Par ce moyen encore, sous l'apparence de conserver les bonnes doctrines, ils s'arrogent, par le fait, le droit de vie et de mort sur les principes donnés par l'expérience dont ils admettent ou récusent, à leur gré, l'autorité, selon qu'elle les sert ou les combat.

Ainsi donc, dans cet état presque désespéré de choses, où tous les genres d'ambition et d'orgueil, si souvent combinés avec l'ignorance la plus complète des phénomènes les plus simples, concourrent à étouffer la vérité ; comment, en effet, les principes de la science des couleurs auraient-ils pu faire quelques pas, quand ceux qui prétendent nous éclairer sur ces principes, ne s'accordent réellement entre eux que dans la persévérance qu'ils mettent à substituer à l'expérience leurs éternelles hypothèses, en se donnant, pour en déguiser la faiblesse et les faire passer même pour de brillantes découvertes, mille fois plus de peine qu'il ne leur en faudrait, sans doute, pour entrer, par l'expérience, dans les voies de la vérité.

Mais tel est l'état des choses humaines : nous préférons presque toujours l'erreur qui nous profite, à la vérité qui nous offense, sitôt qu'elle compromet quelques-uns de nos intérêts.

Aussi, Messieurs, pensons-nous que la franchise avec laquelle nous venons d'exposer une partie des maux produits par l'influence du principe erronné des réfrangibilités diverses sur ceux de l'optique et des arts, déplaira, peut-être, à ceux qui professent encore cette doctrine, s'imaginant, sans doute, que notre persévérance à défendre l'autorité des faits contre l'abus des hypothèses, n'a d'autre objet que d'attaquer.

des réputations, lorsque, cependant, nous n'avons jamais réclamé contre ces hypothèses que dans le seul but de l'unité de principes entre l'optique et les arts qui en dépendent.

SECONDE PARTIE.

Après avoir exposé les fâcheux résultats produits par l'influence du principe imaginaire qui sert de base à la doctrine de Newton, il n'est pas inutile d'indiquer maintenant ici quelques-uns des principaux avantages qui seraient résultés pour les arts comme pour la science elle-même, de l'unité de principes dont nous venons de parler.

En effet, puisqu'il est aujourd'hui évident que les couleurs, quelles qu'elles soient, appartiennent au même principe générateur, et qu'elles suivent dans leurs diverses modifications des lois parfaitement identiques, il est donc évident de même que l'unité de principes qui en est la conséquence nécessaire, eût été aussi favorable à l'optique qu'aux arts qui dépendent de cette science; car si, d'un côté, pour avoir, comme l'optique, des bases prises à la source des phénomènes calorifiques, c'est-à-dire dans la lumière, les arts réclamaient depuis long-temps cette unité de principes; de l'autre, les phénomènes de l'optique avaient aussi évidemment besoin d'être étudiés comparativement avec ceux des subtances colorées qu'on emploie dans les arts, afin d'y puiser de nouveaux moyens d'observation propres à confirmer ou à rectifier celles qu'on aurait déjà faites par les moyens ordinaires de l'optique.

Or, les avantages qui seraient résultés de cette méthode d'observation sont réellement incalculables : car, après avoir reconnu d'abord l'évidence de cette unité de principes, on l'eût considérée sans doute ensuite comme l'un des points de doctrine les plus importans de l'optique, puisqu'alors cette science eût été réellement en communauté de principes fondamentaux avec les arts qui ont les couleurs pour moyens : communauté de principes de laquelle aurait pu naître, comme on voit, une théorie régulière de la *couleur* dans la peinture ; théorie qui eût été également applicable aux autres arts, dans lesquels on emploie les couleurs.

De même aussi, l'on eût reconnu que les différences qu'offrent les couleurs de l'optique et celles des substances matérielles, telles, par exemple, que celles de quantité, dans l'absorption de la lumière par les couleurs de ces deux classes de phénomènes, étaient indépendantes des autres lois qui leur sont communes à toutes deux ; et, par là, l'on eût été conduit à reconnaître encore la vraie cause des différences d'intensité lumineuse des divers corps colorés ou incolores de la nature. D'où il est facile de voir que ce principe important, qu'il était impossible de découvrir ailleurs que dans l'absorption considérable de la lumière par les substances matérielles, est précisément ce qui avait embarrassé les savans, et les avait portés à considérer comme étrangères entre elles, les lois que suivent les couleurs prismatiques, et celles que suivent les substances colorées.

Or, le résultat remarquable de cette première et importante observation, eût été, comme on voit, une grande erreur de moins, et une précieuse vérité de plus.

Si nous continuons de considérer de quel secours eût encore été pour les arts comme pour l'optique , la méthode d'observation dont il s'agit , quant à la découverte d'une infinité d'autres principes également importans , il serait de même facile de faire voir, que c'est par cette méthode seulement qu'il devenait possible d'arriver à la connaissance régulière du nombre et du caractère des élémens colorifiques , comme à celle des lois de leur combinaison , en observant avec soin , les divers cas où ces combinaisons restent colorées , ou deviennent achromatiques.

Or, comme les lois que suivent ces combinaisons sont identiques pour toutes les classes de couleurs quelles qu'elles soient, il devenait alors très-facile d'expliquer, par ces lois, les nombreuses modifications que subissent les couleurs dans leurs nuances ,

ainsi que leur disparition totale ou partielle, tant dans les phénomènes de l'optique que dans ceux des substances matérielles colorées. D'où l'on voit qu'au moyen de la connaissance de ces lois et des principes certains qu'elles donnent , les savans qui s'étaient chargés de nous éclairer sur les phénomènes de la lumière et des couleurs , n'eussent pas été si souvent exposés à substituer à l'exposition simple et franche de ces lois leur inintelligible galimatias.

Ainsi la science et les arts, les savans , les artistes et le public eussent tous nécessairement gagné quelque chose à cette méthode d'observation.

Enfin, de la considération de l'unité de principes entre l'optique et les arts, appliquée à l'examen des autres phénomènes de l'optique, tels, par exemple, que ceux d'où l'on avait déduit le principe illusoire des

réfrangibilités diverses, il en fût encore résulté des inductions très-remarquables et au
moyen desquelles on eût été nécessairement
conduit à reprendre l'examen de ce principe
et à reconnaître, en définitive, qu'il n'é-
tait qu'une véritable illusion (1).

(1) L'Académie de Lyon, en remettant en question, en 1784, l'existence du principe des réfrangibilités diverses de la lumiere et des couleurs, avait eu,
sans doute, une idée fort heureuse, puisqu'il était
possible, comme nous l'avons fait voir depuis, de
prouver par des expériences directes, simples et faciles à répéter, que ce principe n'était qu'une illusion
ou plutôt qu'une véritable absurdité, attendu d'ailleurs
que son existence serait incompatible avec notre organisation visuelle. Mais ce qui, à ce sujet, peut donner
une idée de la bizarrerie de l'esprit humain, c'est
qu'une Académie de France ait provoqué extraordi-
rement l'examen du principe des réfrangibilités diverses, et, qu'à quelque temps de là, deux autres
Académies, aussi de France, aient accueilli l'une par

Quant aux avantages particuliers qu'auraient également retirés les arts de l'unité
des principes en question, ils sont de même
faciles à reconnaître; car leur objet étant
d'imiter des phénomènes naturels, ils ne
peuvent en effet arriver à leur but, que par
la conformité de leurs opérations avec les
lois physiques de ces phénomènes; or, on
sait maintenant que ces lois sont communes
à toutes les classes de couleurs quelles
qu'elles soient.

Mais à l'égard des artistes, quoique beaucoup d'entre eux ignorent peut-être encore
l'identité qui existe entre les lois de l'optique
et celles de leurs opérations sur les couleurs (1), presque tous, au moins, sont

des injures (voyez la note page 84), et l'autre par
un suffrage unanime, la solution régulière et complète
de la non existence de ce principe.

(1) Comment en effet les artistes auraient-ils pu

assez familiers avec la théorie pratique de leur art, pour suppléer, dans beaucoup de cas, à la connaissance exacte de cette identité, qui, seule, cependant, peut compléter la certitude de leurs opérations, et les mettre ensuite à même de communiquer facilement aux élèves les principes de leur art, à l'égard des couleurs, au moyen d'un langage régulier formé d'après l'expérience régulièrement observée.

Mais, abandonnés à eux-mêmes, par l'impossibilité de tirer aucun parti des fausses et inutiles théories des géomètres sur les couleurs, les artistes forcés alors de se renfermer dans l'observation seule des

---

connaître les avantages de cette identité, lorsque la distinction dont nous avons parlé plus haut, devait, au contraire, leur faire perdre jusqu'à l'idée d'en soupçonner l'existence.

phénomènes donnés par les substances matérielles colorées, chacun d'eux, tout en se conformant, plus ou moins, au petit nombre de principes fondamentaux déduits de ses propres observations, crut, en outre, pouvoir se former des idées particulières sur ces principes, comme sur leur application, ce qui alors donna lieu à cette multitude de théories incidentes, et à cette variété de résultats, souvent bien étranges, que l'on rencontre dans l'application de ces théories particulières.

Cependant, quoique le succès de ces théories incidentes n'ait jamais pu compromettre la solidité de celles données dans les arts par la fréquente observation des faits, néanmoins, leur existence quoique passagère, était déjà un grand mal, parce qu'elle pouvait jeter dans l'esprit des artistes une incertitude capable de les détourner de

la route des vrais principes, ou en faire
sortir ceux qui y seraient déjà entrés d'eux-
mêmes, ou, enfin, corrompre le goût du
public toujours disposé à louer ce qui devient
à la mode.

Si ces théories particulières sont pour les
arts une espèce de calamité, que sera-ce
donc s'il en existe de plus imposantes, qui,
fondées sur le mensonge et proclamées néanmoins comme offrant les vrais principes des
phénomènes, viennent encore augmenter
l'embarras des artistes? mais, heureusement,
il n'en est pas, dans les arts, comme dans
les théories spéculatives, où l'illusion est
d'autant plus complète, que ces théories sont
échafaudées avec plus d'art, et qu'on a
moins de facilité d'en vérifier les bases ; au
lieu que, dans les arts, l'application de
leurs principes étant la vraie pierre de touche
de la réalité de leur existence, on est bien-

tôt détrompé, quand ils ne sont qu'imaginaires.

- C'est donc encore, comme on le voit ici,
à l'absence de l'unité de principes, entre
l'optique et les arts qu'il faut attribuer ces
vacillations particulières, que nous venons
de remarquer : car il est visible que si cette
unité de principes eût été franchement re-
connue, on n'eût pas manqué de l'enseigner
aux artistes, comme l'un des points de doctrine dont la connaissance importait le plus à
leur art.

Ainsi à l'avantage d'être conduits, tout
d'un coup, dans la vraie route des principes,
et d'économiser, par-là, beaucoup de temps,
se serait jointe, pour eux, la certitude complète de l'immutabilité de ces principes,
puisqu'ils auraient été puisés, à la fois, et
dans les substances employées dans leur
art, et à la source de tous les phénomènes

coloriques, c'est-à-dire, dans ceux de la lumière elle-même.

Mais, comme on l'a vu, au moyen de la distinction ridicule dont nous avons parlé plus haut, la paresse et l'orgueil en avaient décidé autrement.

Au surplus, comme un principe bien constaté conduit nécessairement à d'autres principes, et que les couleurs des substances matérielles, indépendamment de ce qu'elles ont de commun avec celles de l'optique, offrent des phénomènes qui leur sont propres et qu'alors il faut nécessairement imiter dans les arts, on voit que la sécurité des artistes, quant à la certitude des principes dont nous venons de parler, laissant leur esprit libre de s'occuper des autres propriétés de ces substances, les eût nécessairement conduits encore à distinguer et à constater par leur propre expérience, d'abord, les différences dont nous parlons, et, par suite, le principe de l'absorption dont il a été question plus haut; puis, enfin; les variétés de ce principe dans les nombreuses applications qu'ils ont si souvent l'occasion d'en faire, pour exprimer les différences d'intensité lumineuse et colorifique des objets naturels, au moyen des mêmes différences que donne aussi la combinaison des couleurs matérielles.

Avec ce principe, ils eussent été conduits encore à reconnaître la formation naturelle des diverses nuances des couleurs vives ou obscures des substances qu'ils emploient (1); puis encore l'analogie complète entre la composition naturelle de ces substances et celle des objets colorés à l'imitation desquels elles

---

(1) Voyez le Manuel d'Optique expérimentale, tom. 1er, pag. 14 et suivantes.

sont employées (1) ; et, enfin, la cause des différences d'énergie qu'offrent les couleurs naturellement composées, et celles qui, dans la pratique des arts, ne sont, comme on sait, que le produit de leur mélange mécanique (2).

D'après ce que nous venons de dire, qui ne voit maintenant de quel avantage eût été pour les arts, et par conséquent pour les artistes eux-mêmes, la connaissance de l'unité de principes en question, et surtout l'ensemble d'observations régulières qui en eût été la suite, puisqu'alors la certitude des principes qu'ils en auraient obtenus, aurait nécessairement augmenté en raison du nom-

bre d'applications qu'ils en auraient faites ? D'où il résulte en définitive, que les principes de leurs opérations sur les couleurs étant irrévocablement fixés par cette unité de principes, le temps, qu'ils auraient perdu à essayer de nouvelles théories, fût resté tout entier au profit de leur art ; et alors que, bien loin de rétrograder, comme il n'est arrivé que trop souvent à beaucoup d'entr'eux, ils eussent, au contraire, obtenus des succès progressifs, et seraient arrivés enfin à produire quelques-uns de ces ouvrages classiques qui, réunissant, à l'égard du coloris, tous les principes, auraient, en même temps, pu servir à leur démonstration.

Après avoir montré la malheureuse influence exercée sur la science de la lumière et des couleurs par le principe illusoire des réfrangibilités diverses, et fait connaître

____

(1) Voyez le Manuel d'Optique expérimentale, tom. 1er, pag. 13 et suivantes.

(2) Voyez le Manuel d'Optique expérimentale, tom. 1er, pag. 13, 15 et suivantes.

les fâcheux résultats produits par l'étrange distinction qu'on avait faite entre les lois des couleurs prismatiques et celles des couleurs matérielles ; enfin, après avoir indiqué les avantages réciproques qu'auraient retirés l'optique et les arts de l'accord entre eux des mêmes principes, nous croyons pouvoir conclure, en définitive, qu'on n'entendra jamais réellement l'optique que par l'examen comparatif de toutes les classes de phénomènes colorifiques, sans exception, et non par la mesure seulement des phénomènes de situation donnés par la réfraction considérée comme principe de la production des couleurs. De même qu'on ne pourra bien connaître dans les arts, les principes qui en règlent les opérations, quant au coloris, que par un examen également comparatif des phénomènes colorifiques des substances matérielles, avec ceux de l'optique, attendu que ces divers classes de phénomènes sont toutes dépendantes du même principe, c'est-à-dire, de la lumière, et suivent, comme nous l'avons prouvé par un grand nombre d'expériences, absolument les mêmes lois.

CH. BOURGEOIS.

MÉMOIRE

Sur la Cause génératrice des Couleurs dans les corps solides, fluides et aériformes, et de l'innombrable variété de leurs nuances.

Lu, le 14 mars 1823, à la Société royale académique des Sciences (1).

PREMIÈRE PARTIE.

En reprenant ici, pour y donner de nouveaux développemens, l'examen d'un point de doctrine dont les expériences décrites dans notre Manuel d'optique nous avaient déjà fourni le principe (2), nous devons, pour l'intelligence de ce que nous avons à dire sur ce sujet, commencer cet examen par l'exposition des faits qui nous ont donné ce principe, puisque c'est lui qui doit nous servir de base dans l'examen dont il s'agit.

(1) Comme, pour éviter de reproduire dans ce Mémoire les expériences déjà décrites dans notre Manuel d'Optique, nous renvoyons souvent à cet ouvrage, nous avons mis, à cet effet, entre deux parenthèses, le numéro des expériences d'où nous avons tiré les principes qui servent de base à chacun de nos raisonnemens ; et alors, au moyen du tableau indicatif des phénomènes que représentent les figures du Manuel d'Optique, lequel tableau est placé en tête du second volume, on trouve aisément l'indication de la page du texte qui en offre l'explication.

(2) Tome 1er, pag. 131 et suivantes.

L'optique offre trois classes principales de phénomènes, savoir : celle de la *Réflexion*, celle de la *Diffraction* et celle de la *Réfraction* de la lumière.

Si l'on considère séparément et avec attention, chacune de ces trois classes de faits, il devient facile de reconnaître, 1° que la réflexion se conduit très-différemment selon la forme particulière du corps réfléchissant, puisque tantôt, la lumière, en restant dans le même état, ne fait seulement que changer de route, en faisant, comme on sait, l'angle de réflexion égal à l'angle d'incidence (*fig.* 4) ; et que, tantôt, dérogeant à cette loi, elle subit une sous-division et une dispersion remarquables, d'où résulte alors une série de zones colorées chacune de toutes les nuances de l'Iris (*fig.* 98, 99 et 100).

2° Que la seconde classe de phénomènes, celle de la diffraction, offre également, comme la seconde espèce de réflexion, une dispersion et une sous-division sensibles de la lumière en une série de zones qui sont aussi colorées des nuances de l'Iris, en offrant, en outre, cette particularité remarquable qui est : d'être la seule, entre les trois classes de phénomènes, qui donne des couleurs par un seul, comme par plusieurs agens (*fig.* 104 à 107).

3° Que la troisième classe de phénomènes, celle de la réfraction, offre des images qui sont tantôt parfaitement incolores, comme lorsque la lumière est réfractée par des milieux à faces parallèles, ou par des systêmes de milieux prismatiques ou sphériques parfaitement achromatisés (*fig.* 27, 200 et 201) ; et que, tantôt, elle offre des images richement colorées, comme dans le cas où la lumière est réfractée par des milieux non-achromatisés , et dont les faces d'incidence et d'émergence sont inclinées entre elles (*fig*, 28, 132 à 137).

Si l'on considère ensuite les circonstances où , dans ces diverses classes de faits , les uns sont produits par un seul agent, comme par le seul pouvoir diffringent, ou le seul pouvoir réfringent (*fig*. 22, 26 et 27) , et les autres par plusieurs , comme par deux corps diffringens , ou par l'action simultanée des pouvoirs diffringent et réfringent réunis (*fig*. 24 et 28), auquel cas les phénomènes sont toujours très-différens entre eux, l'on voit alors combien il était nécessaire de distinguer, comme nous l'avons fait , ces divers états des phénomènes , par des dénominations propres à les faire aisément reconnaître. C'est pourquoi nous avons nommé *simple* la réflexion de la lumière qui ne fait que changer de route , sans changer d'état , et *complexe* la réflexion de la lumière qui subit une sous-division et une dispersion remarquables au moyen desquelles elle offre des couleurs.

C'est par la même raison aussi que nous avons nommée *simple* la réfraction de la lumière qui , tout en subissant une réfraction quelconque , n'offre ni sous-division , ni dispersion , ni couleurs , et que nous avons nommée *complexe* la lumière qui , au contraire, offre à-la-fois ces divers phénomènes.

Quant à la diffraction de la lumière dont l'état est évidemment changé , et qui , dans les deux conditions , offre constamment des couleurs ostensibles ou latentes que , dans ce dernier cas , l'on peut y développer, nous l'avons distinguée en *simple* et en *complexe*, par la raison qu'elle peut être produite tantôt par un seul , et tantôt par plusieurs agens (*fig*. 104 à 107).

Si d'après cela, pour trouver parmi ces diverses classes de phénomènes, celle qui est la plus propre à conduire à la connaissance de la vraie cause génératrice des couleurs, l'on compare, entre elles, ces diverses classes de faits, il est de même facile de reconnaître que ce n'est ni à la réflexion, ni à la réfraction que cette cause génératrice peut appartenir, puisqu'il peut y avoir réflexion ou réfraction sans que la lumière soit changée d'état et sans qu'il y ait réellement de couleurs produites, soit ostensibles, soit latentes qu'on puisse alors y développer. D'ailleurs il est évident que si l'une de ces deux propriétés des corps était la vraie cause génératrice des couleurs, celles-ci seraient constamment produites, chaque fois que la lumière serait ou réfléchie ou réfractée. Mais la nature est trop sage dans la distribution de ses moyens, pour multiplier, sans nécessité les agens qu'elle emploie, en donnant à plusieurs d'entre eux, la propriété de produire des phénomènes absolument semblables.

En effet, dans la distinction que nous avons faite en *simples* et en *complexes* des phénomènes de la diffraction, il est remarquable que dans son état le plus simple, comme dans son état le plus composé, c'est-à-dire dans le cas où elle est produite par un seul ou par plusieurs agens, elle offre également une dispersion et une sous-division remarquables de la lumière accompagnée des couleurs de l'Iris, et de plus avec cette circonstance remarquable et qui, d'ailleurs, est commune à toutes les images colorées données par la réflexion, la diffraction et la réfraction complexes, savoir : que dans chacune de ces images, la lumière se centralise et se cumule sur le jaune, aux dépens des

autres couleurs qui l'accompagnent ; phénomène qui, alors, fait évidemment déroger
la lumière aux lois de la réflexion simple,
c'est-à-dire à celle dans laquelle la lumière
ne subit aucun changement d'état par la surface des corps réfléchissans.

Outre cela, si l'on considère que de ces
trois classes de faits, deux d'entre elles, la
réflexion complexe et la diffraction simple
et complexe offrent des couleurs, sans
que la lumière ait besoin de changer de
milieu, et ainsi sans qu'elle ait besoin
d'être réfractée, l'on ne peut douter alors
que la diffraction ne soit en effet la vraie
cause génératrice des couleurs, attendu,
comme nous l'avons déjà observé, qu'on ne
peut attribuer cette propriété à la réfraction
qui, en effet, ne donne de couleurs que
dans un seul cas, c'est-à-dire que quand la
lumière traverse des milieux d'une même

substance, et dont les faces d'incidence et
d'émergence sont inclinées entre elles.

Maintenant si l'on considère, en les com-
parant l'une à l'autre, les deux espèces de
diffraction que nous avons distinguées en
simple et en *complexe*, il est encore facile de reconnaître que la seconde espèce
n'est évidemment qu'une cumulation de la
première, puisque dans celle-ci, les mêmes
couleurs sont évidemment produites par l'action d'un seul agent, et que, dans la seconde,
elles le sont par plusieurs, et toujours de
la même manière pour chacun d'eux séparément, mais néanmoins avec cette circonstance remarquable, savoir : que dans cette
seconde espèce de diffraction qui n'a lieu,
comme nous venons de le dire, que quand
la lumière passe entre les limites de deux
ou d'un plus grand nombre de corps, la dispersion de la lumière, et la production des

13

couleurs sont d'autant plus considérables que les limites de ces mêmes corps sont, entre elles, à de plus petits intervalles (*fig.* 107).

Ainsi, d'après cette dernière observation, il s'ensuit donc, en définitive, que le principe de la production des couleurs réside exclusivement dans la propriété aussi simple qu'elle est admirable par sa fécondité, qu'ont tous les corps de la nature, tant solides que fluides et aériformes, d'exercer sur la lulumière qui passe près de leurs limites ou entre les molécules dont ils sont formés, leur action diffringente, et par suite de cette action, la dispersion et la sous-division de la lumière, ainsi que les couleurs qui en résultent.

Si, maintenant, l'on applique les principes que nous venons de reconnaître à l'examen de ce qui se passe dans l'intérieur des milieux tant solides que fluides et aériformes

l'on est conduit à reconnaître également que ces milieux ne peuvent donner de couleurs qu'au moyen de la diffraction qu'ils font subir à la lumière qui les pénètre, puisque nous venons de reconnaître que cette même diffraction en est le seul principe générateur.

Or, comme on sait, d'une part, que les corps quelle qu'en soit la densité, sont formés de molécules qui ont, entre elles, plus de vide encore que de plein, et, de l'autre, que la ténuité de la lumière est si grande qu'elle n'est comparable à celle d'aucune autre substance, il s'ensuit donc encore qu'elle doit subir une diffraction réelle, en passant entre les molécules de ces milieux, et que, suivant le principe exposé plus haut, elles doivent agir aussi sur la lumière à raison de leurs intervalles : d'où il suit que, plus les molécules de ces milieux sont rapprochées entre elles, plus alors doivent être considérables la dispersion de la lumière et la production des couleurs qui en résultent, et réciproquement (Manuel d'optique ; pag. 131 et suiv.).

Les principes que nous venons d'exposer, nous conduisent naturellement à la recherche des causes qui, avec des milieux formés d'une même substance, et dont les faces d'incidence et d'émergence parallèles ou inclinées entre elles, donnent des phénomènes tellement différens, que, dans les uns, la lumière, après son émergence des milieux réfringens, reste parfaitement incolore et dans le même état qu'auparavant, et que, dans les autres, au contraire, elle offre tous les phénomènes de la diffraction complexe, c'est-à-dire une dispersion sensible de la lumière accompagnée des couleurs de l'Iris : phénomène que l'on connaît sous le nom de spectre solaire ou d'image prismatique (*fig.* 138 à 141).

Mais quelque étranges que puissent paraître d'abord des phénomènes aussi différens entre eux, quoiqu'ils soient évidemment produits par des milieux de substances homogènes, et qui n'offrent d'autres différences que la situation respective des faces d'incidence et d'émergence qui résulte de la figure qu'on leur a donnée, il suffit cependant pour expliquer ces différences, de considérer avec quelque attention ce qui se passe dans l'intérieur d'un milieu prismatique d'un angle réfringent quelconque, auquel cas l'on observe : 1° Que si l'on considère les différences d'obliquité sous lesquelles les rayons particuliers du faisceau de lumière qui traversent le prisme arrivent à la face intérieure d'émergence, l'on observe, disons-nous, que la dispersion de la lumière et la production des couleurs sont d'autant plus considérables que cette obliquité est plus grande et réciproquement (*fig.* 138 à 140).

2° Qu'au moyen d'une suite de sections échelonnées faites à la face d'émergence d'un prisme, et dont les faces particulières sont alternativement parallèles à celles d'incidence et d'émergence du prisme, l'on remarque que toutes les parties du faisceau de lumière qui émergent des faces qui sont parallèles à celles d'incidence, restent dans le même état et sont parfaitement incolores, pendant que les parties du même faisceau qui émergent des petites faces conservées parallèles à celles d'émergence, donnent chacune, au contraire, toutes les couleurs de l'Iris, et toutes ensemble, une seule image prismatique colorée, mais qui, comme on voit, est formée de toutes ces images particulières (*fig.* 141).

Or il résulte de la première observation, que la dispersion de la lumière et la production des couleurs par la réfraction complexe, suivent la raison de l'obliquité sous laquelle les rayons particuliers du faisceau de lumière qui traverse le prisme, sont incidens à sa face intérieure d'émergence. De même il résulte de la seconde observation, que les couleurs ne sont réellement produites qu'aux confins des milieux prismatiques, puisque les sections faites, en quelque nombre que ce soit, à la face d'émergence du prisme et parallèlement à la face d'incidence n'en peuvent jamais offrir, vu que, dans ce dernier cas, le trajet des rayons particuliers du faisceau de lumière est égal pour chacun d'eux (*fig.* 141); ce qui n'a pas lieu, dans le cas contraire; car ce trajet est d'autant plus inégal pour ces rayons particuliers, qu'ils arrivent à la face intérieure d'émer—

gence du prisme sous de plus grandes obli-
quités (*fig*. 138 à 140).

Enfin à l'égard de la formation de l'image
prismatique, il résulte encore de ces dernières observations, ainsi que des précédentes, qu'elle est évidemment, comme
nous l'avons déjà dit, un produit de l'espèce
de réfraction que nous avons nommée *complexe*, parce qu'en effet elle est le résultat
de la cumulation dans le même milieu de
son pouvoir réfringent particulier, et du
pouvoir diffringent de ses molécules d'où
naissent alors la dispersion du faisceau réfracté et la production des couleurs que ma-
nifeste son image. Or, ces couleurs ont toujours lieu quand le pouvoir diffringent n'est
point exactement compensé, comme il arrive
ici, par l'inégalité du trajet des rayons particuliers du faisceau de lumière, depuis la
face d'incidence du prisme jusqu'à sa face

intérieure d'émergence (voyez le Mémoire
sur les réfrangibilités-diverses).

Puisqu'il résulte de ces observations que
les couleurs ne sont réellement produites
qu'aux confins des milieux prismatiques par
l'inégalité du trajet de la lumière dans l'intérieur du prisme, il est facile alors de concevoir ce qui se passe dans l'annihilation des
couleurs produites par la jonction de deux
prismes en tout semblables entre eux et ap-
pliqués l'un contre l'autre, comme pour en
former un parallélipipède : car il est visible
ici que cette annihilation de couleurs résulte
de la compensation faite par la face d'incidence du second prisme, de la diffraction
opérée aux confins de la face d'émergence
du premier par les excédans successifs dans
la longueur des rayons particuliers du faisceau de lumière qui le traverse : compensation qui a lieu également pour la réfrac-

tion elle-même, puisque, dans ce cas, le faisceau qui traverse ce parallélipipède reprend une route parallèle à celle du faisceau incident à la face du premier de ces deux prismes.

Après avoir exposé les principaux phénomènes qui nous ont fait connaître que la diffraction seule était le principe générateur des couleurs quelles qu'elles soient, nous devons encore, pour l'intelligence de ce que nous avons maintenant à dire, rappeler ici quelques principes également donnés par l'expérience, vu que la connaissance de ces principes est indispensable pour expliquer entièrement les faits dont nous allons nous occuper encore dans ce Mémoire.

Nous avons reconnu: 1º que la lumière était non-seulement le principe de la visibilité de tous les corps solides, fluides et aériformes, mais encore de leur couleur et de l'innombrable variété de nuances qu'ils présentent; 2º qu'elle n'est point, comme on l'avait cru, un composé hétérogène dont les élémens sont les couleurs; 3º que ces mêmes couleurs arrivant sous la même incidence à la face d'un milieu réfringent quelconque, subissent indistinctement tous une réfraction parfaitement égale (*fig.* 199 à 202); 4º que les couleurs tant prismatiques que celles des corps solides, fluides et aériformes, sont réductibles à trois principales ou élémentaires, lesquelles sont le *jaune*, le *rouge* et le *bleu* (*fig.* 29 à 95); 5º que ces couleurs sont les élémens de l'innombrable variété de nuances qu'offrent les divers corps de la nature (*fig.* 29 à 100); 6º que toutes ces variétés de nuances, à quelque classe de phénomènes qu'elles appartiennent, suivent, dans leur formation, des lois parfaitement identiques (*fig.* 29 à 100); 7º que les

couleurs des corps tant solides que fluides et
aériformes, absorbent dans leur production,
des quantités plus ou moins considérables de
lumière, et qui sont toujours, pour chaque
espèce de corps, en raison directe de la
quantité de principes colorans qu'ils manifestent, ou, ce qui est la même chose, en
raison inverse de la quantité de lumière qu'ils
réfléchissent, soit que ces principes colorans

soient ostensibles, soit qu'ils fassent partie
d'un composé ternaire achromatique parfait
ou imparfait (*fig.* 43 à 48); 8° enfin que
cette propriété qu'ont les corps de la nature
d'absorber la lumière dans la production des
couleurs, est aussi la seule et vraie cause des
nombreuses différences d'intensité lumineuse
qu'ils présentent.

SECONDE PARTIE.

A-présent que nous connaissons avec certitude la cause génératrice des couleurs,
ainsi que les principes de leurs diverses et
nombreuses modifications, il nous reste
maintenant à appliquer ces principes au mode
particulier de la production des couleurs dans
les corps tant solides que fluides et aériformes.

L'action des corps sur la lumière peut et
doit être considérée sous deux points de vue
différens; savoir: sous le rapport des limites
de leur figure, puis sous le rapport de celle
de leurs molécules particulières ou constituantes.

Quant à la figure des corps relativement à
l'action diffringente de leurs limites sur la
lumière, elle est absolument la même pour

tous quelle qu'en soit la forme polyédrique, cylindrique ou sphérique ; d'où l'on peut conclure déjà que la configuration des molécules de ces corps est indifférente à la production des couleurs, et qu'alors, c'est seulement à l'action de leurs limites qu'il faut encore rapporter ici la production des couleurs.

Ainsi donc, il est facile de voir que si d'après l'hypothèse admise jusqu'aujourd'hui que les couleurs sont dues à la réfraction de la lumière, l'on supposait que les molécules des corps tant solides que fluides et aériformes sont ou doivent être prismatiques, on n'en serait pas, pour cela, beaucoup plus avancé, puisqu'il faudrait aussi reconnaître que cette forme prismatique serait encore susceptible de sous-divisions particulières, et, d'après cela, qu'elle serait évidemment encore un composé de molécules et d'intervalles, lesquels agiraient sur la lumière, de la même manière que nous l'avons observé plus haut, dans l'examen de ce qui se passe dans l'intérieur d'un milieu prismatique.

Que la forme prismatique ou polyédrique quelconque puisse être le principe de la solidité des corps, cela peut aisément se concevoir, vu que leur solidité paraît en effet résulter de la petite quantité de calorique qu'ils retiennent à la température de l'atmosphère : solidité qu'ils perdent, comme on sait, quand cette température est assez élevée pour les rendre parfaitement fluides et même aériformes.

Mais, comment pourrait-on appliquer aux corps naturellement fluides et aériformes cette supposition de la forme prismatique de leurs molécules, comme principe des couleurs, lorsque cette même forme serait évidemment contraire à leur fluidité.

comme à leur état aériforme ; et surtout, lorsque nous avons vu qu'il suffit d'admettre encore pour ces deux dernières espèces de substances, la seule condition d'être formées de molécules qui, comme les corps solides, et à bien plus forte raison qu'eux, ont entre elles plus de vide encore que de plein.

Enfin, comment pourrait-on considérer la forme prismatique ou polyédrique des molécules comme le principe des couleurs, lorsqu'il résulte évidemment de l'expérience qu'elles sont indistinctement produites par les limites de tous les corps, quelle qu'en soit la forme particulière.

Ainsi donc, il résulte encore de cet examen que la forme des molécules des corps étant étrangère à la production des couleurs, il faut encore reconnaître ici l'action des limites de ces molécules comme la seule cause de la diffraction de la lumière, et alors de la production des couleurs.

Comme avant de chercher à savoir ce qu'une chose est, il faut d'abord s'assurer de ce qu'elle n'est pas, et que précisément nous venons de reconnaître que les couleurs ne peuvent dépendre de la forme des corps ni de celle de leurs molécules, nous allons maintenant chercher à reconnaître le véritable mode de leur production, ainsi que des variétés de nuances qu'elles présentent.

Par l'action qu'exercent sur la lumière les limites des corps, nous avons été conduits à reconnaître que les molécules de ces mêmes corps devaient agir de la même manière, puisque tous, quel qu'en soit l'état solide, fluide ou aériforme, ont la propriété de diffracter la lumière.

Si l'on applique ce principe d'abord aux corps solides, il faut, d'après ce que nous

14

avons observé touchant la cause de leur solidité, considérer leurs molécules comme
ayant toutes la même figure polyédrique, la
même situation respective, et, par conséquent, les mêmes intervalles entre elles; intervalles qu'il ne faut pas confondre ici avec
ceux qui résultent de la simple division mécanique que l'on fait subir à ces corps, selon
l'usage auquel on les destine : car, en effet,
cette division en multipliant les surfaces réfléchissantes, ne fait, d'une part, qu'augmenter l'intensité de la lumière réfléchie,
en atténuant, de l'autre, l'énergie de la
couleur des corps.

Que les limites des corps soient la cause
productrice des couleurs, il ne peut plus y
avoir de doute à cet égard; mais comme il
résulte de toutes les observations faites sur
les couleurs du spectre solaire, comme sur
celles qui sont produites par la réflexion
complexe et la diffraction, que ces couleurs,
quand elles sont ostensibles, ne sont que des
excédans de la combinaison, à l'état d'équilibre, des élémens colorifiques produits simultanément, et qu'il n'y a, au contraire,
quoi qu'on ait fait pour le prouver. aucune
expérience qui puisse offrir réellement sé-
paré des deux autres, l'un des trois élémens
colorifiques; comme enfin il n'y a point de
couleur sensible, là où il n'y a point d'excédant (1), on conçoit que si la division mé-

____

(1) Quoiqu'il soit impossible de jamais obtenir les élémens colorifiques réellement séparés les uns des autres,
vu qu'ils ne sont eux-mêmes que des excédans de combinaisons achromatiques latentes formées simultanément
lors de la producion des couleurs; néanmoins on peut
toujours obtenir leur nuance à l'état de pureté élémentaire et dégagée de l'impression de celles qui pourraient
les altérer, en achromatisant ces dernières par leurs
complémens respectifs. Or, c'est de tous les moyens

canique des corps n'offre point de couleurs sensibles, c'est qu'alors il n'y a point d'excédans, ou que leur couleur est trop peu énergique pour devenir sensible à notre organe. D'ailleurs, il est visible que si cette division mécanique suffisait pour donner des couleurs, il suffirait de même de diviser les corps pour rendre colorés ceux qui ne le seraient point, ou pour changer la nuance de ceux qui le seraient déjà, par leur mélange, avec celles qui seraient produites au moyen de cette division mécanique.

Ainsi donc, il résulte de ces considérations,

qu'on avait cherchés, comme de ceux que nous avons étudiés nous-mêmes, le seul qui puisse faire reconnaître avec certitude le caractère élémentaire des couleurs, à quelque classe de phénomènes qu'elles appartiennent.

que c'est particulièrement à l'action des molécules constituantes des corps qu'il faut attribuer les couleurs qu'ils manifestent, et que c'est aux seuls excédans des couleurs élémentaires simultanément produites par la diffraction que ces molécules font subir à la lumière, qu'il faut encore attribuer l'innombrable variété de nuances que manifestent les corps ; mais comme, attendu la ténuité de leurs molécules, nous ne pouvons raisonner à leur égard que d'après des inductions, nous aurons soin alors de ne tirer ces inductions que de faits bien constatés.

Ainsi, pour expliquer ce qui se passe dans la formation des variétés de nuances qu'offrent les corps de la nature, nous rappellerons ici les principaux phénomènes que présente l'une des expériences décrites dans le Manuel d'optique.

Si parmi les petits cylindres employés

dans les expériences de la réflexion complexe, il s'en trouve un, par exemple, dont la surface puisse projeter, à-la-fois, à-peu-près au mêm point sur le carton, ou la glace dépolie qui en reçoit les images, deux séries de bandes colorées, alors il arrive que les parties de ces deux séries qui se trouvent ainsi superposées et mêlées entre elles, offrent par les plus légers mouvemens du cylindre sur son axe, des bandes colorées qui passent successivement chacune par toutes les nuances imaginables, depuis le *jaune*, le *rouge*, le *bleu*, etc. les plus purs, jusqu'aux *bruns* composés les plus forts et les plus obscurs (*fig.* 98 à 100).

Or, si l'on suppose que les molécules des corps sont toutes, comme on n'en peut douter, disposées, dans chacun d'eux, de manière à agir sur la lumière, comme le fait le cylindre, et à offrir alors l'une de ces variétés de nuances, il est évident que le corps entier, formé de molécules identiques, offrira dans toute son étendue la même espèce de couleur, et de plus que sa division mécanique n'opérera aucun changement dans sa nuance, si ce n'est, comme nous l'avons déjà dit, une augmentation de lumière réfléchie, due à la multiplication des surfaces réfléchissantes. Et, en effet, c'est ce qui arrive à tous les corps solides colorés, quand on les porphyrise.

D'après ce que nous venons de dire au sujet des corps solides, on voit qu'il ne doit pas y avoir plus de difficulté pour expliquer les diverses nuances de couleur dans les substances fluides et aériformes, dont les molécules ne peuvent être polyédriques ; car c'est, d'ailleurs, toujours à l'action de ces molécules, quelle qu'en soit la forme, qu'il faut rapporter la production des couleurs

qu'offrent les substances fluides, ou aériformes.

Pour prouver d'abord ce principe à l'égard
des substances fluides, nous offrirons l'exemple suivant.

Si l'on combine entre elles parties égales
ou environ d'oxide de manganèse et de car-
bonate de potasse que l'on fait chauffer ensuite dans un creuset, pendant une heure,
à un bon feu de forge ; puis si, la matière
étant refroidie, on la dissout dans une quantité suffisante d'eau froide et bien claire,
aussitôt la liqueur se colore du plus beau
vert d'émeraude ; mais ensuite si l'on fait
chauffer cette liqueur verte, l'on observe,
qu'à mesure que sa température s'élève, elle
passe graduellement de la belle couleur verte
qu'elle avait étant froide, au plus beau rouge
élémentaire, et cette couleur se perd à son
tour, si on laisse refroidir la liqueur qui

alors reprend sa première couleur verte. La
dissolution de cobalt par l'acide muriatique
offre encore un phénomène analogue.

Maintenant, si l'on considère ce qui s'est
passé dans cette expérience, il est visible
qu'on n'y a introduit que du calorique qui
changeant la disposition respective des molécules de cette liqueur, a dû également en
changer la couleur, ce qui est arrivé en effet,
et avec cette circonstance remarquable, quoiqu'elle soit commune à un grand nombre
d'autres phénomènes colorifiques, c'est que
la nuance de la première couleur verte était
précisément complémentaire de la couleur
rouge qui lui a succédé, c'est-à-dire que, si
ces deux nuances de couleur eussent été ré-
unies, elles auraient formé une combinaison
achromatique parfaite, c'est-à-dire sans excédant.

A l'égard des couleurs qu'offrent les substances aériformes, telles que l'air, les nuages, certaines espèces de gaz, etc., etc.; les variétés de leurs nuances ne sont encore que les résultats des excédans de combinaisons formées, en différentes, proportions, des mêmes élémens colorifiques qui sont des produits simultanés de la diffraction de la lumière, par les molécules de l'air, des nuages ou des gaz qui offrent ces couleurs.

Comme, de tout ce qui précède, il résulte en principe général, que les corps ne peuvent paraître colorés qu'au moyen des excédans dont nous venons de parler, et qu'alors ils produisent sur notre organe une impression particulière que nous avons nommée couleur, alors, pour distinguer cette impression de celle que produisent les corps parfaitement incolores, tels que ceux qui sont *blancs*, *gris* ou *noirs*; il est probable que c'est à cause de l'état achromatique de ces derniers que les physiciens qui se sont occupés des couleurs, ont cru pouvoir en négliger l'examen; d'où il est de même facile de voir que c'est à cette négligence qu'il faut attribuer le succès facile des premières hypothèses qui ont passées par la tête de ces physiciens, dans le but d'expliquer et la cause et l'état particulier de chacun de ces corps: entre autres, par exemple, celle que les couleurs étaient les élémens de la lumière comme aussi de la blancheur des corps qui la réfléchissent; hypothèse qui n'est au fond qu'un véritable *quiproquo*, lequel, à lui-seul, peut servir à prouver combien celui qui l'a fait le premier, comme ceux qui l'ont admis depuis, connaissaient peu les phénomènes.

En effet, il fallait être bien peu familier avec ce qui se passe de remarquable dans la combinaison des couleurs tant des substances matérielles, que de celles qui sont produites par la réflexion, la diffraction et la réfraction complexes, pour ne pas s'être aperçu que l'image plus ou moins lumineuse qui succède aux couleurs après leur combinaison à l'état achromatique, n'était formée que par la réunion des quantités de lumière qui, avant leur annihilation, les rendaient séparément ostensibles: phénomène dont il était facile de reconnaître l'évidence, si l'on eût fait attention que les couleurs ne peuvent être aperçues, si elles ne portent avec elles une suffisante quantité de lumière, pour nous les rendre visibles.

Ainsi donc, ce qui constitue le *quiproquo* dont nous venons de parler, c'est d'avoir attribué aux couleurs ce qui appartenait à leur lumière seulement, et ce qui n'était comme nous venons de le dire, que la réunion de la lumière de chacune des couleurs mises en combinaison, et qui, avant, servait à les rendre ostensibles : à quoi il faut ajouter que dans l'espèce particulière d'achromatisme qui résulte de cette combinaison de couleurs, celles-ci y subsistent encore néanmoins, mais seulement à l'état latent ; aussi cette lumière n'est-elle point du tout propre à la vision distincte des objets d'intensité lumineuse différente, et considérés à travers des milieux diffringens.

L'espèce de digression à laquelle a donné lieu le *quiproquo* que nous venons de signaler, nous conduit naturellement à l'examen de ce qui se passe dans la production de l'achromatisme parfait des corps *blancs*, *gris* ou *noirs*, comme de l'achromatisme imparfait de ceux qui sont connus sous la dénomination de *bruns*.

Pour arriver à la connaissance des causes de ces divers états des corps, nous devons rappeler ici les principes que nous avons énoncés plus haut, savoir : que les couleurs des corps solides, fluides et aériformes absorbent, dans leur production, des quantités de lumière qui sont toujours en raison directe de la quantité de principes colorans qu'ils manifestent.

Maintenant si l'on applique ce principe à l'examen des corps *blancs*, *gris*, *noirs ou bruns*, il est facile de reconnaître que les divers degrés d'intensité lumineuse qu'ils réfléchissent, ne sont évidemment dus qu'aux diverses quantités de lumières qu'ils absorbent. Or, comme nous avons vu qu'il n'y a que les couleurs qui produisent cette absorption; il ne nous sera pas difficile de découvrir comment elle s'opère dans les corps qui nous paraissent de différente intensité lumineuse.

Pour rendre plus facile à entendre ce qui nous reste à dire sur ce sujet, nous allons exposer sommairement quelques-uns des principes de la combinaison des élémens colorifiques *jaune*, *rouge et bleu*.

1° Si l'on combine entre elles ces trois couleurs à l'état d'équilibre, c'est-à-dire, à l'état où l'on n'aperçoit plus aucune nuance de l'une d'elles, dans ce cas, le résultat est un achromatisme parfait, quelle que soit la quantité de lumière absorbée par les couleurs mises en combinaison (*fig.* 43, 47, 49, 50, 53, 57 à 62, 73 à 76, et 79 à 95.);

2° Si, au contraire, ces couleurs sont combinées dans de telles proportions que cet état d'équilibre n'ait pas lieu; dans ce cas, il y a d'abord combinaison achromatique des quantités proportionnelles des trois couleurs élémentaires, et de plus un excédant ostensible de l'une ou de deux de ces trois couleurs (*fig.* 44 à 48).

Or, il est facile de voir, que dans la première de ces deux combinaisons, ce sont les
couleurs qui sont latentes et l'achromatisme
qui est ostensible, puisqu'il est seul visible;
pendant que dans la seconde, au contraire,
c'est l'achromatisme qui est latent, et les
excédans de couleurs qui sont seuls ostensibles.

Ainsi, comme nous avons vu que ce sont
les couleurs qui absorbent la lumière, et que
cette absorption est en raison directe de la
quantité de principes colorans qui sont entrés dans la combinaison, il s'en suit encore
que les deux espèces de combinaisons dont
nous venons de parler, doivent réfléchir
d'autant moins de lumière, et par conséquent être d'autant plus obscures, qu'elles
contiennent davantage de couleurs, et qu'a-
lors, dans les combinaisons achromatiques
imparfaites, l'énergie des couleurs en excès

est d'autant plus faible, que l'achromatisme
latent est plus obscur. Or, voilà, en deux
mots, tout le mystère de la diversité d'état
des corps *blancs*, *gris* et *noirs*, comme aussi
de ceux qui sont connus sous la dénomination de *bruns*. D'où l'on voit combien il est
facile encore d'appliquer ce principe aux
divers degrés d'intensité lumineuse et colorifique des corps.

De tout ce qui précède il résulte donc en
définitive, 1° que les diverses nuances de
couleurs qu'offrent les corps solides,
fluides et aériformes, sont dues à l'action diffringente des limites de leurs molécules; 2° que les corps *blancs* étant ceux
qui réfléchissent le plus de lumière, ils sont
également ceux qui contiennent le moins
de couleurs, puisque ce sont elles qui ont
la propriété d'absorber la lumière : d'où
l'on voit combien il serait absurde de sup-

15

poser que la blancheur des corps, ou la quantité de lumière qu'ils réfléchissent, est en raison directe des quantités de couleurs qui constituent leur blancheur, quand cette blancheur n'est, au contraire, que le résultat de leur absence ; 3° que les corps les plus obscurs étant ceux qui réfléchissent le moins de lumière, sont aussi ceux dont la combinaison achromatique parfaite ou imparfaite est formée par les plus fortes quantités de couleurs élémentaires ; 4° que les *gris* étant des composés achromatiques intermédiaires, entre les *blancs* et les *noirs*, ils sont aussi plus ou moins obscurs, selon qu'ils sont formés d'une plus ou moins grande quantité de principes colorans : 5° enfin, que les *bruns*, eux-mêmes, ne sont autre chose que des composés achromatiques imparfaits, c'est-à-dire, avec excédans de couleurs, et qu'aussi ils sont d'autant plus obscurs, qu'ou-

tre leur excédant ostensible de couleur, leur achromatisme latent est formé par de plus fortes quantités de principes colorans.

Si dans les recherches dont nous venons de nous occuper sur la cause génératrice des couleurs et les variétés de nuances et d'intensité lumineuse qu'offrent les corps solides, et les substances fluides et aériformes de la nature, nous n'avons pu, comme on le pense bien, à cause de l'extrême ténuité qu'il faut supposer aux molécules des corps que nous avions à considérer ; si, disons nous, nous n'avons pu toujours offrir en preuve de nos raisonnemens, des expériences directes, du moins les inductions auxquelles nous avons eu quelquefois recours ont-elles toujours été rigoureusement déduites de principes évidens, et directement obtenus eux-mêmes de l'expérience, ainsi qu'on peut s'en assurer par celles décrites dans le *Manuel d'optique expérimentale*, ouvrage auquel nous renvoyons souvent dans ce mémoire pour la justification des principes que nous y avons puisés pour l'examen de la question dont nous venons de nous occuper.

Que si, cependant, l'on éprouvait quelque peine à concevoir jusqu'à quel point la divisibilité de la matière peut-être portée, dans la diffraction que les molécules constituantes des corps peuvent faire subir à la lumière, et combien à son tour, la ténuité des molécules de celle-ci doit surpasser celle des molécules des corps, que l'on se reporte alors sur l'organisation physique des plus petits insectes dans lesquels on trouve, pour chacune de leurs espèces, les plus admirables combinaisons des molécules de la matière : une circulation du sang, une construction ostéologique et myologique ; et alors des points d'appui, des nerfs, des muscles, et enfin tous les organes propres à leur mode d'existence ; puis, tout cela compris dans un si petit volume, que l'esprit se confond à concevoir l'extrême sous-division à laquelle la matière doit être portée dans l'organisation d'êtres vivans aussi exigus, et qui tous, cependant, offrent dans leurs diverses parties, des nuances de couleurs qui sont propres à chacune d'elles.

Ch. BOURGEOIS.

MÉMOIRE

Sur la nécessité de distinguer dans l'étude des phénomènes de l'optique, pour les y appliquer utilement et parvenir à leur analyse, les modes d'observation qui conviennent à l'examen de chacun d'eux;

Lu à la Société royale académique des Sciences, le 29 janvier 1824.

PREMIÈRE PARTIE.

Les phénomènes de l'optique étant naturellement complexes, c'est-à-dire, étant le produit du concours simultané de plusieurs espèces différentes d'agens, ne peuvent être bien étudiés et compris que par les moyens d'observation qui conviennent le mieux aux résultats particuliers de chacun de ces agens. C'est donc pour cela que nous nous sommes vu obligé de distinguer les phénomènes de l'optique, d'abord *en phénomènes physiques proprement dits, puis en phénomènes de quantité et de situation.*

Dans la première espèce, sont particulièrement compris tous les phénomènes dont les caractères physiques n'ont pas besoin pour être constatés et reconnus, ni du

secours du calcul , ni de celui de la géo—
métrie. Tels sont la blancheur de la lumière ,
les différences de sensation données par les
couleurs et généralement tous les phénomènes dont l'existence et le caractère physique sont évidens par eux-mêmes.

Dans la seconde espèce se trouvent naturellement placés tous les phénomènes dont
les caractères physiques appartiennent seulement à la quantité d'action qu'exercent sur
ces phénomènes les agens qui concourrent à
leur production : tels sont les divers degrés
d'intensité lumineuse et colorifique de leurs
images , et l'innombrable variété des nuances
de leur couleur. Ces phénomènes sont ceux
que nous nommons de *quantité* , attendu que
pour être déterminés , quand on a besoin de
le faire , ils n'empruntent aucun secours de
la géométrie , mais seulement du calcul.

Dans la troisième espèce , enfin , sont
compris tous ceux dont les caractères particuliers ne peuvent être régulièrement fixés
qu'au moyen de la géométrie ; et que , par
cette raison , nous nommons phénomènes de
situation. Tels sont ceux de la réflexion, de
la réfraction et même de la diffraction considérés seulement sous le point de vue de la
route que suivent les rayons de la lumière et
de la situation respective de leurs images :
encore les phénomènes de ces deux dernières
classes sont-ils sujets à d'assez nombreuses
exceptions par l'influence que les couleurs
exercent, dans certains cas de leur combinaison , sur la route de la lumière.

Au moyen de ces distinctions dont on
sentira d'autant mieux la nécessité que l'on
avancera davantage dans la connaissance des
phénomènes de l'optique, il sera facile de
reconnaître les divers cas où les phénomènes
de la première espèce se trouvant cumulés

soit avec ceux de quantité ou de situation seulement, soit avec tous les deux à la fois, auraient besoin, pour être étudiés et connus, des modes d'observation qui leur sont propres.

Or, puisque les phénomènes de l'optique sont, pour la plupart, naturellement complexes, et que, pour les étudier avec fruit, il faut appliquer à leur examen le mode d'observation qui leur convient, ils s'en suit donc qu'on ne peut, sans de graves inconvéniens, substituer arbitrairement tel ou tel mode d'observation à tel ou tel phénomène, et que, pour être certain de celui qui lui est propre, il faut s'être assuré d'abord par l'expérience examinée sous tous ses points de vue divers, si le caractère physique qu'on y cherche, appartient réellement au mode d'observation qu'on veut lui appliquer.

C'est, en effet, à ce défaut d'attention qu'il faut attribuer les nombreux *qui proquo* qui sont encore considérés aujourd'hui par la plupart de nos géomètres, comme des principes fondamentaux et incontestables ; principes qu'ils se croient néanmoins toujours autorisés à propager comme tels, attendu qu'ils sont restés jusqu'ici dans l'étrange opinion que la mesure seule des phénomènes de situation devait suffire pour fixer le caractère de tous les phénomènes de l'optique sans exception : considérant, d'après cela, comme inutiles à observer, malgré leur importance, ceux de ces phénomènes qui n'étaient pas de situation, et qui alors ne pouvaient être déterminés par les moyens avec lesquels ils sont le plus familiers.

On pourrait en dire à-peu-près autant de l'opinion de ceux qui prétendent qu'on ne saurait connaître les phénomènes de l'optique qu'avec le secours des hautes mathématiques seulement, attendu, disent-ils, qu'elles servent au géomètre à fixer exactement les rapports ou les différences de quantité dans les phénomènes de situation ; comme si l'optique n'en offrait jamais que de cette dernière espèce, ou comme si ces différences de situation constituaient à elles seules les caractères physiques de tous les phénomènes.

Mais il n'en est pas du tout ainsi, comme on a pu déjà le pressentir; car si l'on considère les phénomènes de quantité qui n'offrent aucune différence dans la situation de leurs images, mais seulement dans leur intensité lumineuse et la diversité des nuances de leurs couleurs, on les trouvera en bien plus grand nombre encore que ceux de situation, attendu qu'indépendamment des variations d'intensité lumineuse, celles qui sont produites par la combinaison des couleurs élémentaires, sont d'autant plus nombreuses, que ces variations se combinent encore entre elles, dans l'immense variété de nuances qu'offrent les phénomènes de l'optique, ainsi que tous les corps que la nature offre à nos yeux.

Or, comme en effet cette immense quantité de phénomènes ne présente aucune différence de situation et alors aucun sujet de formule aux géomètres qui n'ont vu et n'ont cherché jusqu'ici dans l'optique que des phénomènes de situation, on conçoit alors pourquoi ceux dont il s'agit ici, ont été si complétement négligés par eux, comme insignifians, quoiqu'ils soient absolument indispensables pour l'intelligence des autres faits, et quoique les lois physiques qui les gouvernent y soient si clairement écrites, qu'il suffit pour les y reconnaître, d'être devenu tant soit peu familier avec les lois physiques que suivent les couleurs dans leur combinaison entre elles.

Si nous nous sommes bien expliqué, et alors si l'on a bien compris les motifs qui nous ont fait distinguer les phénomènes de quantité dont nous venons d'indiquer le caractère, d'avec ceux de situation, on ne confondra point, sans doute, l'application que le géomètre peut faire du calcul à ceux de situation, avec celle qu'on peut en faire aussi aux phénomènes de quantité, attendu qu'il n'en est pas de ces derniers, comme de ceux de situation dont la mesure n'a pour objet que des différences d'une même espèce de choses (l'étendue), pendant que ceux de quantité, au contraire, ont pour objet spécial de connaître non-seulement le nombre et l'espèce des agens qui concourent à leur production, mais encore la part d'action de chacun de ces agens dans les résultats défi-

nitifs de ces phénomènes ; ce qui est, comme on voit, bien différent.

Mais c'est ici que les difficultés augmen— tent et deviennent d'autant plus grandes pour le géomètre, qu'il est moins familier avec l'expérience, puisque dans cette espèce de phénomènes, il n'a plus à mesurer de diffé- rences de situation, mais bien des différences de quantité ordinairement très-complexes, et pour l'observation desquelles il est indispen- sable alors qu'il soit lui-même devenu fami- lier avec les agens qui les produisent, et les nombreuses variétés qu'ils présentent.

Mais si , à raison des principes de la géo- métrie à l'égard de l'étendue, le géomètre est resté dans l'opinion que ces principes peuvent s'appliquer également aux autres phénomènes de l'optique qui ne sont pas de situation, alors, faute de pouvoir les examiner par le mode d'observation qui leur convient, il cherchera à les expliquer par les mêmes moyens que ceux de situation. Après quoi, fixant son opinion sur l'hypothèse à laquelle paraîtront le mieux s'adapter les moyens qui lui sont familiers, il échafaudera quelque brillant point de doctrine qu'il ne manquera pas, sans doute, de considérer comme une importante découverte, laquelle néanmoins pourra bien n'être, au fond, qu'un véritable *quiproquo*, pour ne pas dire davantage, et, en même temps, un témoignage irrécusable de sa nullité comme physicien.

S'il veut, par exemple, étudier le spectre solaire : d'abord, pour en préparer l'intelligence, il réfractera un rayon de lumière par un milieu à faces parallèles, et il remarquera que ce rayon sera dévié en entier de sa première route : puis mesurant celle que suit ce rayon dans l'intérieur du milieu, par rapport à une perpendiculaire élevée à sa surface, il trouvera que la réfraction de ce rayon sera en raison donnée avec le rayon incident, quelle que soit d'ailleurs son obliquité à la surface du milieu. Or, comme ce phénomène est de l'espèce de ceux que nous avons nommés de *situation*, il est clair que, si le géomètre a mesuré exactement le phénomène, il en connaîtra véritablement la loi physique, quant à la route que suit, dans ce cas, la lumière ; et ce résultat, il pourra également l'obtenir avec les autres milieux, quel que soit leur pouvoir réfringent particulier.

Maintenant, s'il réfracte le même rayon de lumière par un milieu de même substance que le premier, mais ayant les faces d'incidence et d'émergence inclinées entre elles, alors, il remarquera : d'abord, que le rayon réfracté à son incidence à la première surface du milieu, sui-

16

vra, dans son intérieur, la même loi que dans l'expérience précédente ; mais ensuite qu'à son émergence, il prendra non-seulement une autre route, laquelle ne suivra plus la même loi que dans le premier cas ; et, enfin, qu'il offrira une extension longitudinale assez considérable, accompagnée de toutes les couleurs de l'Iris.

Voilà donc, comme on voit, bien des phénomènes nouveaux produits simultanément par la seule différence de l'inclinaison des surfaces d'un milieu semblable au premier, quant à la substance dont il est formé. Ainsi, c'est donc ici, ou jamais, que le géomètre a besoin d'être physicien pour distinguer dans ces nouveaux résultats devenus comme on voit très-complexes, ce qui appartient en propre à la géométrie, d'avec ce qui appartient aussi en propre à l'observation physique des phénomènes purement de quantité

Mais si, toujours dans la supposition que nous avons faite plus haut, le géomètre est resté dans l'opinion que la mesure des phénomènes de situation est le moyen le plus certain d'en connaître les lois physiques, alors il ne balancera pas à y appliquer aussi les moyens d'observation dont il a l'habitude.

Ainsi, se hâtant d'admettre, sans aucun autre examen, l'extension de l'image prismatique et les couleurs qu'elle offre, comme des produits immédiats de la réfraction, il croira trouver dans la situation des limites apparentes de ces couleurs les moyens les plus certains d'en fixer le caractère. Puis considérant, d'après cela, ces couleurs comme étant douées chacune de réfrangibilités différentes, il cherchera à prouver ce principal point de sa doctrine par de nouvelles expériences. Mais malheureusement, comme il continuera d'appliquer le même mode d'observation à ses nouvelles expériences, tous les raisonnemens qu'il pourra faire à cet égard et toutes les conséquences qu'il s'efforcera d'en tirer, dans le but qu'il se propose, ne seront encore que de nouveaux *quiproquo* suite nécessaire et inévitable des premiers. Cependant quelque absurdes que puissent être en elles-mêmes les conséquences qu'il en aura tirées, il n'en croira pas moins être entré fort avant dans la connaissance de ce phénomène, attendu la certitude qu'il aura de la bonté du mode d'observation qu'il y aura appliqué.

Que si, dans la confiance où il se trouve, quelqu'un essaie de l'avertir de ses erreurs pour en arrêter la contagion, en lui présentant des faits nouveaux et concluans, dont l'évidence soit de nature à le faire au moins douter de ce qu'il croit si certain, alors, au lieu de chercher franchement à comprendre ces faits en les examinant en physicien, il ne verra dans cette communication généreuse que le dessein d'attaquer une science dont la solidité, dira-t-il, n'a encore été contestée par personne, pendant que, sans s'en être douté, ce sera lui-même, au contraire, qui aura compromis sa propre science, par les fausses applications qu'il en aura faites (1).

---

(1) Bien loin d'avoir ici l'idée d'atténuer en rien la certitude des principes de la géométrie, nous sommes persuadés, au contraire, que c'est parce qu'ils sont inattaquables, qu'entre des mains habiles à manier les hypothèses, leur puissance peut s'étendre jusqu'à prêter à l'erreur les apparences de la vérité. Rien n'est plus propre à prouver cette assertion que le principe illusoire des réfrangibilités diverses qu'elle avait semblé garantir depuis plus d'un siècle, comme un point de doctrine incontestable. Ainsi, ce que nous disons plus haut touchant les erreurs qu'on peut commettre en s'appuyant sur elle, ne peut point du tout s'appliquer à la géométrie, mais seulement au géomètre qui en abuse.

SECONDE PARTIE.

D'après cet exposé rapide de la nécessité d'appliquer aux expériences de l'optique les modes d'observation qui leur conviennent (de même que l'on applique en chimie ceux des réactifs qui sont les plus propres à l'examen des substances qu'on veut analyser), il est facile de concevoir que chacun de ces modes ayant nécessairement des limites en-deçà et au-delà desquelles s'arrête la vérité et où commence l'erreur, les fonctions du géomètre sont évidemment bornées aux phénomènes de *situation* proprement dits : car s'il emploie le calcul pour en fixer plus exactement les rapports ou les différences, cela ne change absolument rien aux caractères de cette espèce de phénomènes.

Mais, comme nous l'avons observé plus haut, il n'en est pas ainsi des phénomènes de *quantité* proprement dits, dont les caractères physiques n'ont rien de commun avec ceux des phénomènes de situation.

En effet si, d'un côté, la mesure des phénomènes de *situation* nous fait exactement connaître la route que suivent les rayons de la lumière dans l'intérieur et au-delà des différens milieux qu'elle traverse, de l'autre, elle ne nous apprend absolument rien ni sur la nature des agens, ni sur leur action dans l'immense variété de phénomènes qu'offre l'image de ces rayons. Cependant, à raison du nombre de ces agens, les phénomènes auxquels ils concourrent doivent être, et sont, en effet, non-seulement les plus nombreux, et peut être les mieux écrits de l'optique, mais encore ils sont les seuls qui peuvent faire reconnaître avec certitude *le nombre et le caractère spécifique des couleurs élémentaires, les lois de leur combinaison, l'état de la lumière soit directe, soit réfractée ou diffractée*, et enfin, par la comparaison de ces divers résultats, *le principe générateur des couleurs quelles qu'elles soient, et la cause physique des différences d'intensité lumineuse des corps naturels, tant colorés qu'incolores.*

Un ordre de phénomènes dont l'examen pouvait donner d'aussi importans résultats valait bien sans doute la peine d'être compté pour quelque chose par les géomètres dans l'étude des phénomènes dont ils voulaient connaître et fixer les lois. Mais toujours pleins de confiance dans leur mode exclusif d'observation, ils se sont bien plutôt attachés jusqu'ici à repousser qu'à étudier pour les comprendre, les phénomènes qui pouvaient les conduire à ces heureux résultats, repoussant également sans examen les tentatives de ceux qui avaient entrepris cette tâche difficile ; car en effet le mode d'observation dont il s'agit ici est sans contredit le plus délicat de tous à pratiquer, sur tout si l'on n'a point encore l'habitude des phénomènes, et cela, à cause des variétés sans nombre qu'offre l'intensité lumineuse et colorifique des images, à cause de la quantité d'expériences auxquelles cette étude peut donner lieu (expériences qu'il faut d'ailleurs répéter jusqu'à ce que le phénomène qu'on examine puisse en quelque façon s'expliquer par lui-même) ; et souvent enfin à cause de la nécessité de construire pour chaque fait nouveau, un nouvel instrument.

Quoique nous ayons observé plus haut que les phénomènes de *quantité* proprement dits étaient déterminables par le calcul seulement, nous n'avons pas voulu dire cependant qu'il leur était indispensable ; car il en est beaucoup, dans l'optique, dont les caractères sont tellement distincts les uns des autres, qu'il est impossible de jamais les confondre entre eux.

Si, par exemple, l'on combine entre elles, dans des proportions convenables, les trois couleurs *jaune, rouge* et *bleue* choisies parmi les plus belles et les plus énergiques, afin d'en rendre les résultats plus distincts, dans ce cas, ces couleurs se détruisent les unes par les autres, et le résultat de cette combinaison est alors parfaitement achromatique.

Or, comme on le voit, il n'y a plus ici rien de commun entre l'état de ces couleurs avant et après cette combinaison, puisque dans le premier cas, ces couleurs exerçaient chacune, comme couleur, leur impression particulière sur notre organe , et qu'après leur combinaison, elles ne laissent plus apercevoir que la somme de lumière qui, avant, les rendait chacune séparément ostensible.

Si maintenant l'on considère en physicien le phénomène important qui résulte de la combinaison ci-dessus (phénomène qui est, sans contredit, l'un des plus féconds de l'optique en applications heureuses), on verra que l'achromatisme de cette combinaison ne peut avoir lieu que dans le seul cas où l'action réciproque de ces trois couleurs se trouve dans des proportions parfaitement exactes ; et que, dans le cas contraire, les quantités de celles qui sont en excès, et qui alors ne peuvent faire partie de cette combinaison achromatique, doivent rester, comme couleurs, nécessairement ostensibles : ce qui a toujours lieu en effet.

Mais si l'on fait attention que les élémens des nombreuses variétés de ces combinaisons sont d'abord, les trois couleurs *jaune, rouge* et *bleue*, puis encore, les diverses quantités de lumière qui nous rendent ces couleurs sensibles, l'on pourra se faire alors une idée de l'innombrable variété de phénomènes que la combinaison de ces divers élémens peut présenter. Et comme ces variétés ne sont que des résultats des différences de quantité dans lesquelles ces élémens peuvent se trouver combinés entre eux, il est visible que la détermination de ces différences appartient au calcul. Ainsi c'est donc avec juste raison que nous avons distingué ces phénomènes de ceux de *situation*, en les nommant phénomènes de *quantité*.

Mais alors, pour pouvoir appliquer avec quelque avantage le calcul à cette espèce de phénomènes, il y a des conditions préliminaires sans lesquelles tout ce qu'on pourrait faire à cet égard, deviendrait parfaitement inutile.

En effet, pour pouvoir reconnaître avec quelque certitude l'action particulière de chacun des agens de ces combinaisons, il est indispensable de s'être assuré par des expériences faites avec soin, d'abord du caractère particulier de ces agens (lesquels sont ici les trois couleurs *jaune, rouge* et *bleue*), puis de la quantité de lumière qui est propre à chacune d'elles, pour être, à l'égard de leur intensité lumineuse relative, dans les conditions nécessaires à l'achromatisme parfait de ces couleurs.

Ainsi donc, quoiqu'on ne puisse appliquer ni la géométrie, ni le calcul à la détermination absolue du caractère spécifique des couleurs élémentaires, on peut, au moins, arriver dans chaque classe de phénomènes colorifiques à une détermination relative, et alors suffisante de ces caractères élémentaires, pour pouvoir apprécier, au moyen du calcul, les résultats que doivent offrir les combinaisons de ces élémens, dans quelque proportion qu'ils puissent être combinés entre eux.

Si l'on n'a pas toujours besoin de cette exactitude dans l'examen de ces phénomènes, attendu la faculté qu'a notre œil, s'il est suffisamment exercé, comme celui des peintres, par exemple, d'apercevoir, sans le secours du calcul, ces différences de quantité, il est visible cependant, que ces différences n'étant, comme nous l'avons déjà dit, que des résultats de celles où se trouvent entre eux les élémens de ces combinaisons, ces mêmes résultats peuvent être en effet soumis, au besoin, aux formes régulières du calcul.

Après avoir indiqué, dans leur application à l'examen des phénomènes de l'optique, les fonctions, ainsi que les limites des deux moyens d'observation dont nous venons de nous occuper (le calcul et la géométrie), il nous reste maintenant à donner une idée des opérations délicates auxquelles, avant tout, le physicien est assujéti, lorsqu'il veut parvenir à bien entendre le langage de l'expérience, la loi physique dont elle dépend, afin de pouvoir, au besoin, lui appliquer le calcul avec la certitude de n'opérer que sur de bons élémens.

Si les phénomènes de l'optique étaient, comme on le pense assez communément, toujours tellement simples, pour qu'il suffise d'un premier aperçu dans la recherche des lois physiques qui les gouvernent, il n'y aurait alors rien de plus facile que leur examen, puisqu'il suffirait pour cela d'ouvrir seulement les yeux. Mais il n'en est pas tout-à-fait ainsi, car ces phénomènes sont tous, au contraire, plus ou moins composés, selon la quantité d'agens qui les produisent, ce qui alors rend leur examen d'autant plus délicat, qu'il faut apporter une plus grande attention, soit pour la disposition régulière des appareils, soit pour découvrir dans les faits qu'ils donnent, le nombre et le caractère physique des agens qui concourent à leur production, soit enfin pour reconnaître les degrés d'intensité d'action de chacun de ces agens.

L'art d'observer les faits n'est donc point, comme on le voit, aussi facile qu'on pourrait se le figurer d'abord, puisqu'il exige tant de précautions. Non-seulement c'est un art tout comme un autre, mais dans lequel encore on ne peut devenir habile que par une longue habitude de l'expérience et une extrême persévérance à la considérer sous tous ses points de vue divers, jusqu'à ce qu'enfin elle puisse s'expliquer d'elle-même, sans le secours d'aucune hypothèse : car, à cet égard, rien ne peut la suppléer.

Or, les précautions qu'il faut prendre pour arriver à ces heureux résultats, sont d'autant plus nécessaires que, si l'on néglige d'examiner les faits dans les conditions que nous venons d'indiquer, en se bornant seulement à de simples aperçus, l'on s'expose à tirer de ses observations évidemment incomplètes, des conséquences très-différentes et souvent même entièrement opposées à celles qu'aurait naturellement données l'expérience examinée avec un peu plus d'attention.

A la vérité, cette méthode d'observation est un peu moins commode que celle des hypothèses, pour peu qu'on ait d'imagination, attendu qu'il faut d'abord tout déduire à-peu-près de l'expérience (ce qui n'est pas toujours très-facile), avant de pouvoir y appliquer le calcul, qui lui-même n'en peut et doit être que la traduction fidèle. Mais on est pressé de jouir, et, dans cette impatience, on préfère un succès de quelques jours, à celui plus durable qu'aurait donné l'expérience examinée avec l'attention qu'elle exige.

Nous pourrions, en les prenant même dans les doctrines modernes, donner ici un grand nombre d'exemples de cette précipitation à conclure d'après de simples aperçus (1) ; mais nous nous bornerons à un seul que nous prendrons encore dans l'ouvrage de Newton. Et pour qu'on ne nous soupçonne point d'avoir choisi à dessein l'une de ses expériences les plus faibles, nous nous arrêterons à la première de son optique, à celle des deux rectangles colorés (2).

On connaît l'objet de cette expérience, qui est de prouver que les couleurs ont des degrés différens de réfrangibilité, et l'on sait aussi que c'est dans ce but que Newton expose à la lumière du jour, sur la même ligne et sur un fond incolore, deux rectangles colorés, l'un en *bleu*, l'autre en *rouge*,

---

(1) La doctrine des interférences, entre autres, laquelle appartient à la loi des combinaisons des couleurs et de la lumière, nous aurait souvent offert l'occasion de faire voir que les faits, d'après lesquels on avait raisonné jusqu'ici, ayant été assez mal observés, sont bien loin de signifier ce qu'on leur a fait dire ; et, en même temps, l'on aurait vu que c'est à la précipitation avec laquelle on a examiné la théorie physique de ces faits, qu'il faut attribuer le vice des élémens trompeurs d'après lesquels on s'est empressé de nous en donner des théories mathématiques.

(2) Optique de Newton, liv. Ier, 1re partie, 1re proposition, 1re expérience.

qu'il considère à travers un prisme. Et comme, dans l'un des cas particuliers de son expérience, il observe que le *bleu* paraît s'écarter davantage que le *rouge* de la perpendiculaire élevée à la surface d'émergence du prisme, alors, sans considérer autre chose que le simple fait matériel, il en conclut que la première de ces deux couleurs est plus réfrangible que la seconde ; conséquence qu'il généralise dans sa troisième expérience et qu'il établit alors en principe fondamental de sa doctrine.

Maintenant, pour faire voir avec quelle légèreté d'observation il avait considéré son expérience, nous allons indiquer les principaux points de vue sous lesquels il devait l'examiner, pour être à même d'y découvrir la véritable cause du phénomène qu'elle présente (1).

Les principaux points qu'il avait à considérer dans cette expérience étaient ceux-ci :

1° La différence de niveau des deux rectangles colorés appartient-elle à la même cause (la réfraction) qui, pour l'œil, en transporte les images dans un lieu différent que celui où ces rectangles sont véritablement placés ?

2° Pourquoi, dans un même champ de lumière réfléchie, lequel subit de la part du prisme à travers lequel on le considère, une action semblable dans toutes ses parties, l'intérieur de ce champ est-il achromatique, pendant, au contraire, que ses extrémités offrent des couleurs ?

3° Quelle est la cause physique de ces

____

(1) Que de physiciens qui professent aujourd'hui les diverses parties de cette doctrine avec le ton le plus absolu, se trouveraient encore embarrassés d'expliquer d'une manière satisfaisante, seulement cette première expérience de l'Optique de Newton.

couleurs et de la forme particulière de franges sous laquelle elles se manifestent aux
limites contiguës de deux champs incolores
ou colorés, et d'intensité lumineuse différente, lesquels champs sont considérés à
travers un prisme ?

4º Quelle est l'influence des couleurs de
ces franges entre elles ainsi que sur les autres
espèces de couleurs, lorsqu'elles se pénètrent
et qu'alors elles peuvent se combiner ensemble ?

5º Pourquoi les champs colorés contigus
à des champs incolores et d'une intensité
lumineuse égale entre eux, n'offrent-ils
point de franges colorées ; et pourquoi ces
franges n'ont-elles lieu que dans le seul cas
où les champs colorés ou incolores sont
d'une intensité lumineuse différente ?

Ces diverses questions dont la solution était
d'ailleurs indispensable à Newton pour l'intelligence du phénomène dont il s'agit, en
renferment encore un grand nombre d'autres
qui en dépendent et que l'habitude d'observer les faits sous leur véritable point de vue
lui aurait également fait résoudre.

Ainsi, sur la première question, Newton
eût pu reconnaître, en l'examinant avec soin,
que la situation des rectangles transportés,
pour l'œil, d'un lieu dans un autre, appartenait à la réfraction proprement dite, et que la
différence de leur niveau dépendait évidemment d'une autre cause, puisque, en effet,
dans cette disposition de l'appareil, tout
restant d'ailleurs dans la même situation,
ces différences de niveau étaient opposées
entre elles, pour chaque espèce de couleur,
selon que les rectangles colorés étaient placés (toujours dans le même ordre), sur un

fond incolore plus ou moins lumineux que les couleurs de ces rectangles (1).

Après quoi, cherchant, sans doute, la cause de ces inégalités de niveau, en examinant ce phénomène sous les autres points de vue que nous avons indiqués, il eût probablement été conduit également à observer : d'abord l'existence des franges colorées (2), puis à reconnaître en définitive que c'était à l'influence des couleurs de ces franges sur celles de ces rectangles, avec lesquels elles se combinaient, qu'étaient dues les différences de leur niveau, et non, parce que leurs couleurs *bleue* et *rouge* étaient différemment réfrangibles : ce qui l'eût conduit

probablement encore à étudier l'importante loi des combinaisons.

Ainsi donc, dans la supposition qu'il eût reconnu ces premiers points de doctrine, on peut supposer encore qu'il n'aurait pas manqué de s'apercevoir que son expérience des deux rectangles, toute simple qu'elle lui avait parue d'abord, était au contraire, extrêmement composée, puisqu'elle était le produit de plusieurs agens d'espèces très-différentes, et que pour la bien comprendre, il fallait nécessairement être déjà familier avec les lois de la réfraction simple et complexe, celles de la combinaison des couleurs, et savoir, en outre, que celles-ci n'étaient point des produits de la réfraction, mais bien de la diffraction de la lumière.

Mais comme il est évident que Newton, au lieu de considérer son expérience sous les divers points de vue qui pouvaient la lui

---

(1) Manuel d'optique, fig. 73 à 76.

(2) Newton ne fait aucune mention de l'existence de ces franges colorées.

faire comprendre, avait, au contraire, réellement confondu en un seul les phénomènes de la réfraction, de la diffraction de la lumière, de la combinaison des couleurs, etc., qui se trouvent cumulées dans cette expérience; il est de même évident qu'il ne pouvait, sans s'exposer à quelque grave erreur, appliquer à ces différences de niveau, pour en fixer le caractère physique, les moyens qui servent à déterminer celui des phénomènes de la réfraction proprement dite. C'est en effet ce qui est arrivé, et ce qui fait voir que sa doctrine, qui n'est que le développement de cette première expérience, n'est réellement fondée que sur un véritable *qui pro quo* (1).

Or, il est facile de voir, par l'exemple que nous venons d'en donner ici, à combien de graves erreurs on peut être exposé par la précipitation à conclure l'existence d'un principe quel qu'il soit, d'après de simples aperçus.

Cependant celui que Newton avait déduit de son expérience, et dont il avait fait si légèrement la base de sa doctrine, était assez important pour être examiné avec un peu plus d'attention qu'il ne l'a fait. Aussi, sommes-nous persuadés que, s'il eût été conduit par quelque heureuse induction à examiner sous ses divers et vrais points de vue, cette 1re expérience de son optique, nous

---

(1) On pourrait appliquer avec autant de certitude le même raisonnement à la plupart des expériences de Newton et notamment à la troisième de son Optique, expérience dans laquelle il est visible qu'il attribue exclusivement l'extension et les couleurs de l'image prismatique à la réfraction, puisqu'il en tire cette conclusion générale que les rayons qui diffèrent en couleur, diffèrent aussi en réfrangibilités.

n'aurions pas aujourd'hui à combattre contre le fanatisme des partisans d'un principe qu'il aurait hautement désavoué et combattu lui-même avec toutes les armes qui étaient en son pouvoir.

D'après les divers exemples que nous venons de donner dans ce Mémoire, pour prouver l'indispensable nécessité de distinguer entre eux les phénomènes de l'optique et les modes d'observation qui leur sont exclusivement propres (distinction qu'on ne peut faire, comme on voit, si l'on n'est, avant tout, physicien); nous pensons en avoir dit assez sur ce sujet pour que l'on puisse voir à quelle cause doivent être attribués les nombreux *quiproquo* qui figurent encore aujourd'hui au rang des principes fondamentaux sur lesquels reposent nos connaissances en optique. Nous pourrions ajouter même et prouver ici, comme nous l'avons déjà fait ailleurs, que ceux de ces principes qui sont avoués par l'expérience, tels que ceux relatifs aux phénomènes de situation proprement dits, y sont en si petit nombre, qu'il pourrait être permis de considérer l'optique dans l'état où elle est restée depuis Newton, comme une science qui est encore à naître, ou, si l'on veut, comme une science presque entièrement à refaire.

Ce que nous disons ici n'est pas une exagération, c'est, au contraire, une vérité incontestable et que nous pouvons, d'ailleurs, nous engager de mettre en évidence aux yeux de ceux qui seraient tentés de comparer les hypothèses qui circulent encore aujourd'hui comme des principes, avec les faits nombreux et concluans que nous pourrions leur présenter, et dont le langage aussi clair que significatif, n'a pas besoin, pour être compris, d'aucun secours étranger, mais seulement de l'expérience.

Ainsi, puisqu'il est vrai, comme on l'a vu plus haut, que les phénomènes de l'optique ne peuvent être examinés et réellement connus que par les modes d'observation qui leur conviennent, il est donc facile maintenant de reconnaître que la cause du désordre extrême qui règne encore aujourd'hui dans les principes de cette science, vient de l'abus que l'on a fait de l'un des divers modes d'observation dont nous avons parlé plus haut, en l'appliquant indistinctement à tous les phénomènes sans exception, et en ne considérant leur caractère physique que sous le point de vue seulement de leur situation respective.

Or un tel mode d'observation, appliqué aux phénomènes toujours plus ou moins complexes de l'optique, est aussi impuissant, pour parvenir à les connaître, que le serait, en chimie, l'emploi d'un seul réactif pour analyser indistinctement toutes sortes de substances.

Cependant cet abus subsiste depuis Newton qui, le premier, en a donné, à-la-fois, le fâcheux exemple, et en a offert si fréquemment, dans sa doctrine, les malheureux résultats. Or, comme ce mode d'observation est encore aujourd'hui à-peu-près le seul qui soit employé dans l'examen des phénomènes de l'optique, on conçoit alors pourquoi, dans l'opinion exclusive que s'est formée le géomètre, celui-là doit lui sembler le plus habile qui en mesure et en calcule avec le soin le plus minutieux les différences les plus légères de situation, comme si le caractère des phénomènes résidait tout entier dans cette particularité.

Pour éclairer le sujet dont nous venons

de nous occuper dans ce Mémoire, nous nous étions proposé de présenter quelques rapprochemens curieux entre les phénomènes de la chimie et ceux de l'optique considérés sous le point de vue de leur changement de caractère, selon l'espèce et la quantité des élémens dont ils sont formés. Mais comme ces considérations auraient pu nous conduire beaucoup trop loin, et que, d'ailleurs, elles peuvent être l'objet d'un autre Mémoire, nous nous bornerons, pour le moment, à indiquer ici, pour exemple, la formation des sels neutres qui, dans les différentes proportions de leurs élémens, offrent les mêmes variétés de caractères que ceux de l'optique que nous nommons de quantité.

Ces rapprochemens nous auraient donné lieu d'observer aussi que les phénomènes de l'optique n'ayant qu'un seul élément ou principe de leur production, lequel est la lu-

mière, et la chimie, au contraire, en possédant de plusieurs espèces dans les substances non encore décomposées; on voit qu'à raison de la plus grande facilité d'en étudier les phénomènes et d'en fixer les lois physiques, l'avantage semblait devoir être du côté de l'optique. Cependant, il s'en faut de beaucoup que la méthode d'analyse appliquée à cette science ait offert les mêmes résultats que celle employée en chimie, laquelle, depuis trente ans au plus, nous a donné déjà un si grand nombre d'importans résultats, les uns applicables à la science, et les autres au perfectionnement des arts; pendant que l'optique, dans l'espace de plus d'un siècle, est restée à-peu-près stationnaire, et sans doute y restera long-temps encore, si l'on ne se décide à abandonner les principes illusoires qui lui servent encore de base, et à examiner les faits sous tous leurs véritables

18

points de vue, afin d'être en état d'y appliquer, avec certitude, les modes d'observation qui leur conviennent.

On nous a souvent demandé pourquoi nous n'avions pas, selon l'usage des géomètres, présenté, sous les formes régulières du calcul, les conséquences que nous ont données les faits décrits dans nos divers ouvrages sur l'optique? A cela nous répondrons ce qu'on a déjà pressenti sans doute par les considérations précédentes, que dans l'état de désordre où l'examen attentif des faits nous a fait reconnaître que l'optique se trouvait encore aujourd'hui, par l'abus qu'on avait fait du moyen d'observation qu'on y avait exclusivement appliqué, il nous a paru bien plus urgent, dans cet état fâcheux de choses, de nous attacher de préférence à l'exposition exacte de ces faits, et à en développer toutes les conséquences

physiques, par rapport à celles admises encore aujourd'hui comme des principes, que de chercher à en donner plus que des inductions mathématiques à ceux qui voudraient les soumettre eux-mêmes au calcul. D'ailleurs, puisque celui-ci n'avait pu garantir les géomètres des nombreux *quiproquo* qu'ils ont introduits dans l'optique, et que ce sont, au contraire, nos expériences qui nous les ont fait reconnaître, il était donc inutile d'appeler au secours de faits dont l'existence est d'ailleurs si facile à constater et dont le langage est si clair, d'autres moyens de conviction que leur propre évidence. Aussi devons-nous dire que cette objection ne nous a été faite que par des personnes peu ou point habituées à l'expérience, et qui ignoraient sans doute, que celui qui n'entend pas d'abord la langue naturelle des faits, ne peut se flatter, quoiqu'il fasse, de ja-

mais l'entendre dans aucune espèce de traduction. Ce qui explique comment on peut
être un très-habile géomètre ou un savant
mathématicien, et, malgré ces avantages, ne
rien comprendre absolument aux phénomènes les plus simples de l'optique, en ne
les étudiant que dans ces sortes de tra-
ductions, et sans consulter directement les
faits eux-mêmes, attendu qu'avant tout, il
faut s'assurer de l'existence des faits qui
servent d'élémens au calcul, ce qu'on ne
peut faire sans l'habitude de les observer.

P. S. Nous comptions pouvoir donner
dès à-présent, à la suite de ceux que nous
publions ici, plusieurs autres Mémoires sur
des sujets également utiles et qui se rattachent de même aux principes que nous avons
exposés dans le *Manuel d'Optique* ; mais
les expériences n'ayant pu être terminées à
temps et voulant rendre ces Mémoires aussi
dignes que possible d'être offerts aux physiciens qui s'occupent plus particulièrement
des intérêts de la science que de la science
des intérêts, nous avons cru devoir en dif-
férer quelque temps encore la publication,
en nous bornant à en indiquer ici les sujets.

Comme la diffraction est la seule cause
génératrice des couleurs (voyez le Mémoire
sur ce sujet), et, qu'à leur tour, celles-ci
réagissent non-seulement les unes sur les
autres, mais encore sur leur intensité lumineuse elle-même, et alors sur la route que
suivent les rayons de la lumière diffractée,
nous nous sommes particulièrement attachés
à étudier les conditions physiques de ces différens résultats, pour pouvoir constater, par
l'expérience, un phénomène qui, dans le cas

dont il s'agit, semble faire déroger la lumière aux lois ordinaires de sa propagation et de sa réflexion. Et ce sont les observations que cette étude nous a donné lieu de faire, que nous comptions publier ici et que nous publierons bientôt en un ou plusieurs Mémoires, sous des titres déterminés par la nature des résultats donnés par les expériences qui y seront décrites.

Ce travail, qui aura particulièrement pour objet l'influence des couleurs entre elles, ainsi que sur la route de la lumière, offrira aux physiciens une nouvelle classe de phénomènes tout-à-fait négligée par ceux qui s'étaient occupés de diffraction et qui n'en avaient considéré les images que sous le point de vue de leur situation respective, c'est-à-dire, qu'en géomètres.

Ensuite, comme, d'une part, il est évident que la diffraction considérée comme cause génératrice des couleurs, est la source dans laquelle il faut puiser les élémens d'observation propres à l'examen des autres phénomènes colorifiques, tels que ceux donnés par la réfraction complexe de la lumière ; et comme, de l'autre, nous avons fait voir que c'était un véritable contre-sens que de choisir précisément le spectre solaire, c'est-à-dire l'un des phénomènes les plus composés de l'optique, pour servir de base à l'examen et à l'explication des autres phénomènes qui, quoique plus simples, offrent aussi des couleurs, nous nous sommes également occupés de son examen dans le but de reconnaître le caractère des agens qui concourent à sa formation.

Ce travail que nous publierons sous ce titre : *De l'Analyse physique du spectre solaire, ou Considérations sur les espèces et le caractère des agens qui concourent à*

sa formation, servira à prouver d'abord ce
que nous avons déjà pu dire touchant la composition du spectre solaire, puis à faire voir
que bien loin d'être un phénomène simple,
comme on l'avait cru jusqu'ici, il est, au
contraire, un phénomène très-composé.

Enfin, parmi d'autres Mémoires sur différens sujets d'optique, il en est un que nous
croyons urgent de publier en même temps
que ceux dont nous venons de parler : en
voici l'objet.

Comme il n'existe, pour l'enseignement de
l'optique, aucun amphithéâtre dont la construction soit le moindrement appropriée à la nature des expériences qu'exige l'étude délicate
de cette science, nous avons cru nécessaire de
réunir, dans un projet d'amphithéâtre destiné
à l'optique, les conditions les plus propres
à procurer d'abord au professeur les moyens
de régulariser aisément ses expériences,
puis aux élèves la facilité de les comprendre.

Or, comme nous avons eu souvent l'occasion de faire voir, dans nos divers écrits sur
l'optique, combien sont complexes, en général, les phénomènes qui paraissent les plus
simples, nous pensons faire une chose réellement utile en cherchant à diminuer, par des
dispositions locales appropriées à la nature
des expériences, les difficultés d'en comprendre les lois physiques : car, en effet,
lors même qu'on ne considère les phénomènes que sous l'un des points de vue que
nous avons distingués dans le Mémoire ci-
dessus, il reste cependant encore tant de
choses à considérer dans chacun d'eux, que
toute l'attention de l'élève peut à peine suffire pour cela. Que sera-ce donc si le phénomène se présentant à la fois sous tous ses
points de vue divers, il les confond en un

seul par la négligence du professeur à lui en faire distinguer les différences.

Bien qu'il existe encore quelque dissidence d'opinion entre les principes de certains physiciens et les nôtres, au moins pensons-nous qu'ils seront plus aisément d'accord avec nous sur l'urgence d'un amphithéâtre d'observation approprié à l'optique ; à moins qu'il n'y en ait encore, parmi eux, qui préfèrent les difficultés d'un local incommode, pour se donner gratuitement la peine de les vaincre, ou bien qui, craignant l'expérience, prendraient occasion de ces difficultés pour éviter de la mettre en présence avec leurs raisonnemens.

S'il y a tout à faire encore à l'égard des amphithéâtres d'observation pour l'enseignement de l'optique, il n'en est pas tout-à-fait ainsi à l'égard des instrumens destinés à cette science et dont la perfection mécanique est déjà portée si loin aujourd'hui. Cependant il en manque encore un grand nombre ; et même parmi ceux qui existent déjà, il en est dont la construction est tellement vicieuse, qu'on ne peut que s'égarer avec eux dans l'examen des phénomènes. Nous les aurions cités ici, si, pour en faire connaître le vice et en proposer de meilleurs, il ne nous eût point fallu entrer, pour cela, dans d'assez longs développemens, ce qui nous aurait conduit bien au-delà des réflexions par lesquelles nous nous sommes proposé de terminer les mémoires que nous publions ici. D'ailleurs, on sent que des amphithéâtres mieux appropriés à l'optique doivent nécessairement amener des améliorations notables dans les instrumens qui existent, et même en faire naître de nouveaux directement appropriés aux nouvelles classes de phénomènes qu'on avait négligées jusqu'ici.

Ainsi donc, si en effet il est utile d'avoir de bons instrumens, on voit qu'il ne l'est pas moins que les phénomènes qu'ils donnent puissent se manifester dans les conditions les plus favorables à la perception de leurs différens caractères ; et c'est là le but que nous nous proposons d'atteindre dans le projet en question : à quoi il faut ajouter cependant l'intelligence du professeur qui n'est pas une des moindres conditions de la bonté des résultats : car s'il apporte dans l'observation des faits des préventions contraires à leur évidence, il ne tirera aucun parti de la réunion de ces avantages. Or, dans ce cas, le moins qui puisse lui arriver, c'est de rester dans cette incertitude fâcheuse de la vérité, même lorsqu'elle se présente à lui sous les formes les plus simples (1).

FIN.

---

(1) A ce sujet, nous citerons ici, en exemple, le premier des deux Mémoires précédens sur les réfrangibilités diverses de la lumière et des couleurs. Depuis trois ans, les savans chargés de son examen n'ont pu, dans l'incertitude où ils sont restés jusqu'ici, se décider encore à donner régulièrement leur opinion sur les résultats des expériences de ce Mémoire, quoique la question que nous y avons traitée soit pour eux aussi facile à résoudre que celle de savoir : s'ils ont, ou s'ils n'ont pas leur chapeau sur la tête. Quel temps faudra-t-il donc pour toutes les parties de l'optique, si une question que nous avons rendue si facile à résoudre, exige trois années d'examen ?

TABLEAU INDICATIF

DES PHÉNOMÈNES

QUE REPRÉSENTENT LES FIGURES RELATIVES AUX DIVERS MÉMOIRES JOINTS
AU MANUEL D'OPTIQUE,

avec

L'INDICATION DE LA PAGE DU TEXTE OÙ L'ON EN TROUVE L'EXPLICATION.

Fig.

PLANCHE XLI.

199. Exemple de la route que suivraient dans l'œil les rayons différemment colorés de la lumière, dans la supposition où ils seraient différemment réfrangibles. Tom. 2, pag. . . . . 29.

200. Exemple de la véritable route que

Fig.

suivent, à leur émergence d'un objectif achromatique, les rayons différemment colorés de l'image prismatique. Tom. 2, pag. . . . . 31.

PLANCHE XLII.

201. Autre exemple de la véritable route que suivent, à leur émergence d'un prisme achromatique, les rayons diffé—

4

Fig.

remment colorés de l'image prismatique.
Tom. 2, pag. . . . . 32.
202. Exemple de la route que suivent, dans
un milieu de substance homogène, comme
l'eau, le verre, etc., les rayons différemment colorés de l'image prismatique,
lorsqu'ils arrivent tous au même point,
à la surface du milieu, sous la même
incidence. Tom. 2, pag. . . . 38.
203. Intervalles où, à une distance donnée,
devraient se trouver placées, entre elles,
les couleurs *rouge* et *violette* de l'image
prismatique, dans la supposition où,
suivant la doctrine de Newton, ces couleurs seraient différemment réfrangibles.
Tom. 2, pag. . . . . 52.

PLANCHE XLIII.

204. Exemple de la situation verticale ou
inclinée de l'image prismatique, soit à

Fig.

la première ou à la seconde surface
d'incidence, soit à son émergence d'une
cuve prismatique quadrangulaire remplie
d'eau, et dont l'axe se trouve situé à
angles droits avec l'axe du premier
prisme qui donne l'image colorée. Tom.
2, pag. . . . . 53.
205. Exemple de la route que suivent les
rayons différemment colorés de l'image
prismatique, soit à la première ou à la
seconde surface d'incidence, soit à leur
émergence d'une cuve prismatique quadrangulaire remplie d'eau, et dont l'axe
est parallèle avec celui du premier
prisme qui donne l'image colorée. Tom.
2, pag. . . . . 55.

PLANCHE XLIV.

206. Exemple de la situation verticale ou
inclinée de l'image prismatique soit à

Fig.

la première ou à la seconde surface d'incidence, soit à son émergence d'une cuve prismatique équilatérale remplie d'eau, et dont l'axe se trouve situé à angles droits avec l'axe du premier prisme qui donne l'image colorée. Tom. 2, pag. . . . . 57.

207. Exemple de la route que suivent les rayons différemment colorés de l'image prismatique, soit de la première à la seconde surface, soit à leur émergence d'une cuve prismatique équilatérale remplie d'eau, et dont l'axe est parallèle avec celui du premier prisme qui donne l'image colorée. Tom. 2, pag. . . 59.

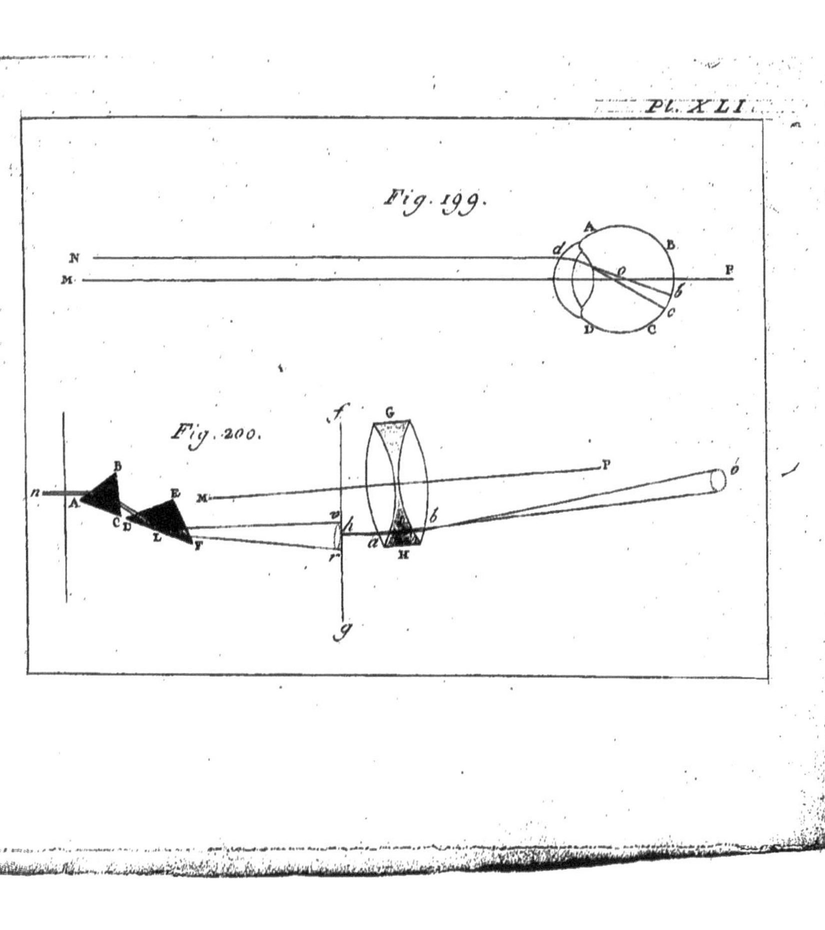

Fig. 199.

Fig. 200.

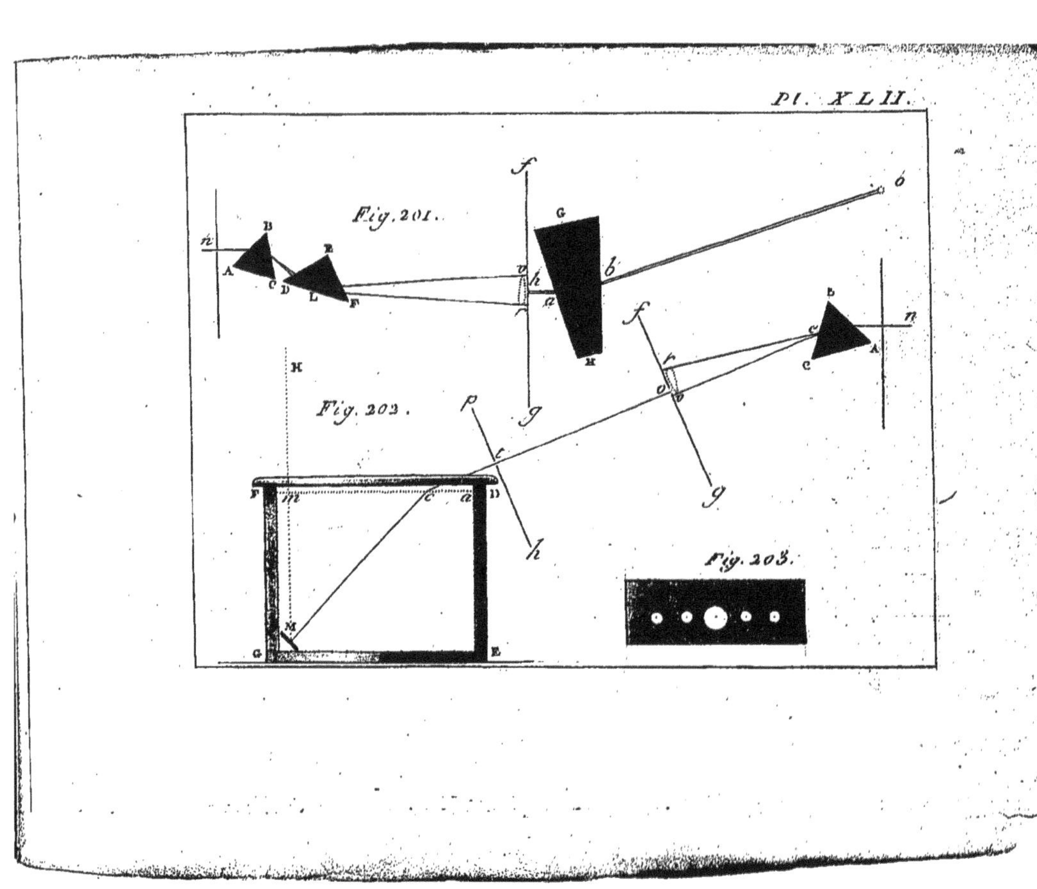
Fig. 201.
Fig. 202.
Fig. 203.

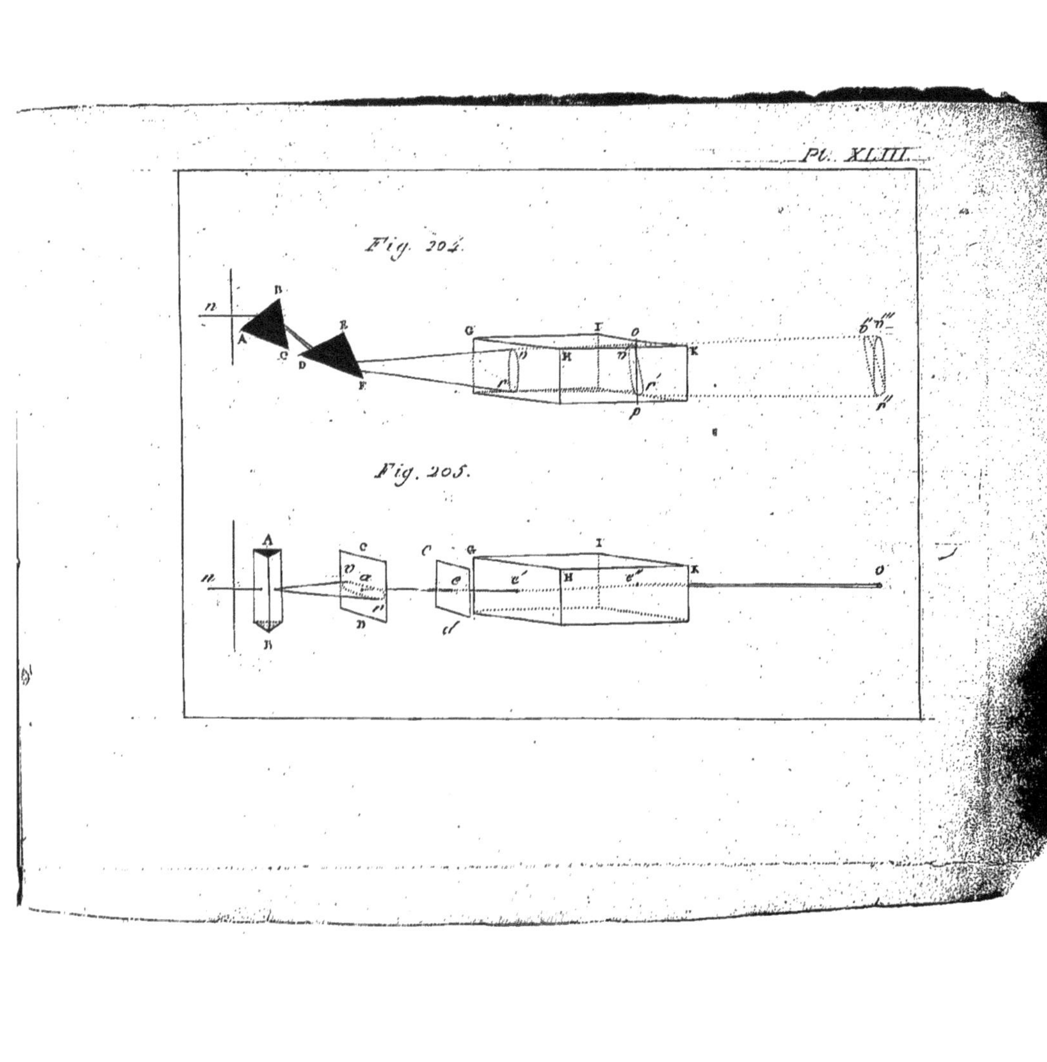
Fig. 204.
Fig. 205.

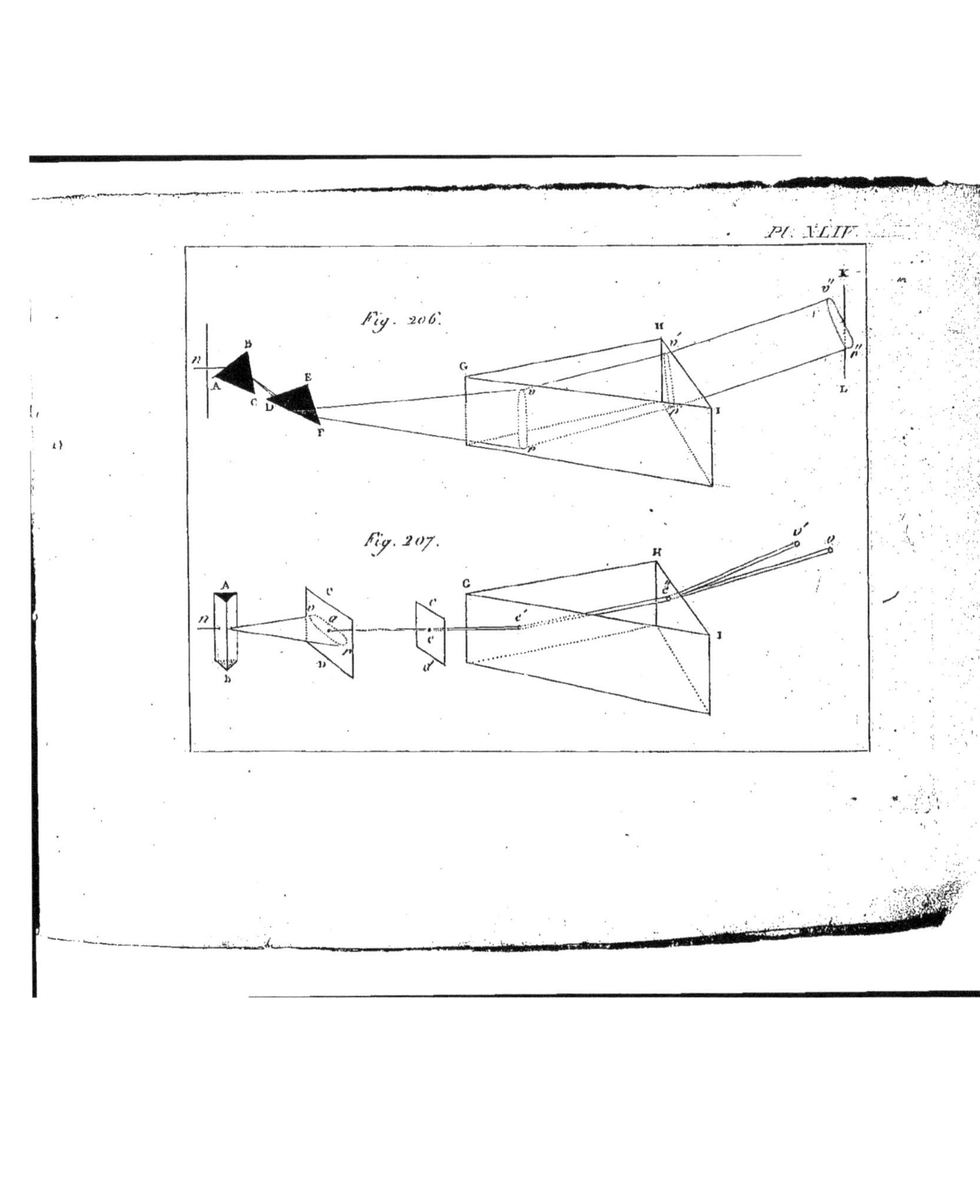

Fig. 206.
Fig. 207.